当青蛙
遇上啄木鸟
才可以飞得更高

著

中国言实出版社

图书在版编目（CIP）数据

当青蛙遇上啄木鸟才可以飞得更高 / 四囍著. —北京：中国言实出版社，2015.1
ISBN 978-7-5171-1022-4

Ⅰ．①当… Ⅱ．①四… Ⅲ．①成功心理－通俗读物 Ⅳ．①B848.4-49

中国版本图书馆CIP数据核字(2014)第292106号

责任编辑：陈昌财

出版发行 中国言实出版社
　　　　　　地　　址：北京市朝阳区北苑路180号加利大厦5号楼105室
　　　　　　邮　　编：100101
　　　　　　编辑部：北京市西城区百万庄大街甲16号五层
　　　　　　邮　　编：100037
　　　　　　电　　话：64924853（总编室）64924716（发行部）
　　　　　　网　　址：www.zgyscbs.cn
　　　　　　E-mail：zgyscbs@263.net
经　　销 新华书店
印　　刷 北京市玖仁伟业印刷有限公司
版　　次 2015年3月第1版　2015年3月第1次印刷
规　　格 880毫米×1230毫米　1/16　15印张
字　　数 199千字
定　　价 30.00元　　ISBN 978-7-5171-1022-4

目 录
CONTENTS

1

第三章

出位：打破规则才能崛起

第四章

差异：你要玩得和别人不一样

第五章

人脉：有多少人是有价值的

第六章

谋略：成功需要一些"谋略"

第九章
信息：一条信息抵上千军万马

第十章
法则：集中你的火力全面出击

第一章

机遇：成功的永远
都是少数人

许多成功者不仅是寻找机遇的高手，更是把握当下趋势的能手，并且还能够在快速发掘出高潜能之后，以最快的速度运用得来不易的机遇。在生活中，那些爱思考、爱拼搏的人，通常能够在第一时间看到别人看不到的趋势，并将它牢牢抓在手里。

看到别人看不到的趋势

许多成功者不仅是寻找机遇的高手，更是把握当下趋势的能手，并且还能够在快速发掘出高潜能之后，以最快的速度运用得来不易的机遇。在生活中，那些爱思考、爱拼搏的人，通常能够在第一时间看到别人看不到的趋势，并将它牢牢抓在手里。

一个成功的人，并不在于他拥有多少知识，而在于他有多大见识，最主要的在于他能够比别人更清醒、行动更迅速。他们总能保持清醒的头脑，一旦发现机遇，会像饿虎扑食般扑上去，将机遇转化为财富。成功者之所以能够成功，是因为他们具备别人所不具备的东西，最主要的就是快速行动的能力。这也是他们为什么能够步步占得先机，总是在第一时间获得成功的主要原因。

杨雪曾在一家机关招待所做服务员，因为是下岗后再次就业，她十分珍惜这份来之不易的工作。

一天，一位客人叫住杨雪，要她帮忙买一块香皂来。她不由得紧张起来，还以为是自己粗心疏忽了，忘记了给客人配一次性香皂。杨雪急忙向客人道歉，并表示自己马上帮客人把一次性香皂配好。客人听了，笑着对杨雪解释说，房间里并没有忘记配一次性香皂，不过他不喜欢使用小香皂。因为那些一次性的小香皂，个头小，质量差，而且拿在手里不方便。

听客人这么一讲，杨雪的心里才踏实下来。于是，杨雪便出去为客人买回了大香皂。

第二天，这位客人走了，她收拾房间时，看见他昨天买的那块大香皂只用了一点点，而招待所给配的一次性小香皂也因为被客人打开了而无法继续使用，她便把这一大一小两块香皂丢进了垃圾桶。突然，杨雪灵机一动，心想：小香皂太小，不方便使用；大香皂太大，使用不了浪费太严重。能不能有一个折中的办法，让香皂既能好用又能不浪费呢？

杨雪呆坐在那里想了许多，终于想出了一个办法：如果制作一种新型香皂，中间是空心的，外面包一层香皂，不就既方便使用，又不造成浪费了吗？如果能够经营这种香皂，一定能得到广大顾客的好评。

回到家里，杨雪仔细思考了一番：如果自己辞职专门做这种香皂，说不定能够赚到不少钱。可现在的工作又这么舒服，万一不成功岂不是会很惨。思虑再三，杨雪决定辞去舒服的工作，投入到空心香皂的生产中。

杨雪在开始做这种香皂的时候，还特意留意了各大香皂厂家的电视广告，却发现它们都是介绍自己的产品怎样怎样好，申请了什么样的专利等，而没有一家说怎么方便使用。杨雪想：在市场竞争越来越激烈的今天，与众不同的关键已不是产品质量，而是你的服务水平。

以杨雪在服务行业积累的这么多年的经验来看，一次性香皂消费市场潜力巨大，一般的酒店宾馆一天就要消耗上百块。经过自己的不懈努力，杨雪的"空心香皂"已成功地打入了市场。而杨雪就凭着"空心香皂"成为了身家数十万的女老板。

机遇往往是在出人意料的地方发现的，而且常常与人灵感的触动、事物的巧合交织在一起，因而不免带有神奇的色彩。由于人们认识的有限性，对于机会形成的规律认识不够，所以，往往是对它视而不见或失之交臂。机遇宛如一位怀春的妙龄少女，只是由于种种约束使得她闭锁于深闺之中，并不轻易对他人流露热忱和好感，即使千呼万唤始出来，还是犹抱琵琶半遮面。只有执著大胆、忠贞不渝的追求者，才能获得她的钟爱。

很多时候，机遇都隐藏在困难背后。只要能想办法将困难克服，就能看到困难背后的机遇。克服困难的过程是一个学习和成长的过程。在职场中，每个人都会遇到不同类型的困难，如果你不能正确面对的话，困难就会成为你完成任务、实现目标的阻碍；如果方法得当，困难就会迎刃而解，成为你向上攀登的"梯子"。

在这个世界上，有许许多多的成功者，他们之间虽然有千差万别，但是他们的最大相同之处就是都能够少说空话，多做实事，在所做的事情中抓住了机会，最终获得了成功。

1927年，一个穷困潦倒的年轻人带着他的新婚妻子来到美国旧金山谋生，他们在这里开了一家小小的冷饮店，主要卖的是汽水。

没过多久，正赶上全球经济衰退，他们的冷饮店被迫关了门。于是，他们便在家附近的一个十字路口，摆了一个冷饮摊。这是个繁华的十字路口，每天来来往往有很多人。但奇怪的是，很少有人停下来在这里买饮料。

有一天，当他们夫妻收摊回来的时候，看到旁边一家面包店的生意非常红火，他便有了一个主意。

他与妻子商量，不久开了一家快餐店。他推出的食品，有辣椒红豆、墨西哥饼、夹烤肉三明治等，再加上他们两口子热情周到的服务，使得他们的生意非常好，每天店里都人满为患。

在夫妻俩的齐心努力下，快餐店的生意非常红火。年轻人一看发展的时机来临，便打算扩大经营。到了1932年，年轻人经营的小店已增加到了7家。

经过了近三十年的奋斗，年轻人已步入壮年，他拥有了大小餐馆近千家，员工三万多人，年营业额在4亿美元左右，而他的名字也随着自己的事业在世界各地广为流传。创造这一奇迹的这个年轻人，就是离世界500强企业只有一步之遥的梅瑞特公司的创办人约翰·梅瑞特。

一个小小的餐饮店，成就了一段传奇。是什么样的力量，能够让他们获得如此巨大的成功呢？最主要的是他们对机遇的把握，对当时形势的正确判断。

每一种成功都始于一双善于发现的眼睛，更始于一颗执著探索的心灵。常常我们感叹没有机遇，但许多时候，机遇来临时并非敲着锣打着鼓从你身边经过，而是悄悄从你身边溜过。有心还是无意，是决定能否抓住机遇的关键。

发现别人的盲点

通用汽车公司总裁杰克·韦尔奇说："在目前这个竞争激烈的新经济时代，一个企业想要在市场上立于不败之地，就不能缺少有创新精神、有进取心的员工。而一个自称自己是企业家的人，如果他缺乏创新精神、不思进取，那么他也永远算不上是一个企业家"。

如何做到有创新精神，最重要的一点无非是发现别人没有发现的盲点。

乔治在一家图书发行公司做发行，最近图书销量一直处于低谷，很多书都滞销了。出现这种情况，发行员有着不可推卸的责任。因为这事，大家都没少想方法，乔治也非常困惑。假若这批书再卖不出去的话，老板只能把书低价赔本售出，或者是打成纸浆。不论是哪种处理方法，对于发行员来说都是毫无益处的。因为没有发行量，大家不但拿不到奖金，可能还要扣工资，当然还有更严重的就是失去工作。乔治一定要改变这种状态，他苦思冥想，想到了一个办法。当他把这个方法说出来的时候，大家都觉得这个方法并不可行。乔治也很无奈，即使是0.1%的希望，乔治也要试一试，他暗下决心一定要把这个想法实现。

乔治和总统有过一面之交，他要在总统身上做文章。于是，他送给总统一本书。忙于政务的总统哪有时间来看他的书，为了应付他，说了一句："这是一本好书。"

这个回答正是乔治想要的，他回去马上做了这样一则广告：这是一本总统先生说好的书，要买的人赶快了！

不用说，没过几天，那批书全都卖出去了，滞销书一夜间变成了畅销书。

之后，乔治又拿了另外一本书送给总统。总统听说了上次的事情后，不敢轻易说好了，这一次，总统说："这书不怎么好。"

虽然总统说这本书不怎么样，但这样的回答似乎并没有难倒乔治。乔治回去后做了这样一则广告：这是总统认为最糟糕的一本书，你看你感兴趣吗？结果书又被抢光了。

第三次，乔治照样拿了一本书送给总统。总统吸取了上两次经验，这一次总统什么也没有说。

乔治回去之后，在广告中是这样说的：这本书，总统还没有确定是好是坏，正等着你来确定呢？同样的结果，书还是被一抢而空。

从此之后，公司的上上下下对乔治都刮目相看，并且乔治也从此成为了公司的大红人，公司的大小事情老板第一个想到的就是乔治。

听完了乔治的故事，你可能会有些不可思议，或者会觉得很好笑，但当你静下心来仔细思考一下，便会发现，生活中等待你发现的盲点并不少，有些人利用的好就会成功。

通常情况下，我们会受思维定势的束缚，考虑问题往往比较单一，这种考虑问题的方式有时候并不能给我们带来最大效益，怎么办？这个时候，我们就需要有所创新，别出心裁，发现别人没有发现的盲点。

有一家电视台请了一位企业家做嘉宾主持。有很多人都想听一听他是如何获得成功的。然而，他却淡淡一笑，说："我还是先出一道题考考你们吧！"

"在某个地方发现了金子，人们都疯抢地拥了过去，然而不巧的是，有一条河挡住了这些人的去路。如果是你遇到了这种情况，你将会怎么办？"

有的人说要绕道过去，还有的人说可以游过去。而嘉宾只是笑了笑，然后摇了摇头说道："为什么非要去淘金呢？为什么不买条船运送淘金者？"

在场的众人都瞠目结舌。是啊，在那样一种情形之下，即使你狠狠地"宰"那些淘金者一顿，他们也心甘情愿，因为他们过了这条河就是金子，他们还会在乎你宰的那点钱吗？

上面的故事给了我们这样一个启示：想要开辟一个全新的世界，你就必须要突破现在的常规思维。只有这样，你才能从芸芸众生中脱颖而出，变得不可代替。

工作中，勤于动脑思考、利用创新思维来解决问题的员工，自然也会受到老板的重用。特别是在当前个性化的时代，更要求我们必须具备创新精神，只有懂得创新，才能为公司创造更多的业绩，我们的价值才能得以体现。总之，创新不仅仅会改变我们的现状，更会改变我们的未来。

听到别人不注意的信息

18世纪时，大清王朝认为我们中华天朝地大物博，物产丰富，人民生活安康富足，不需要和外界蛮夷之国进行贸易，于是，便开始施行"闭关锁国"的经济外交政策，闭目塞听，自给自足。而由于长期与外界缺乏沟通，大清王朝的生产力水平和科技水平已经开始远远落后于西方资本主义国家。终于，在1840年，英国率先挑衅发动了著名的"鸦片战争"，从此，中国开始了长达一个世纪的被侵略被殖民的屈辱史。

由此可见，要想发展，要想长久生存，信息的获取是非常重要的。而且，当人们对真实的信息获取得越多时，人们对事物的看法会越客观越全面，认识也会越正确。

当今社会，信息产业飞速发展，越来越多的产业、行业、企业依赖于信息技术的发展和发达而生存。所以，在当今社会，谁先掌握了最高端信息技术，谁就将掌控市场走向的命脉；谁先掌握了第一手信息，谁就将拥有市场的主动权。

在把控信息、打破对市场闭目塞听的弊端、创造惊人财富方面，年轻的Facebook创始人马克·扎克伯格无疑是这方面的天才和榜样。

现年27岁、拥有135亿美元、名列福布斯榜第52位、有着"盖茨第二"美誉的马克·扎克伯格，是哈佛大学计算机和心理专业的辍学生。从小就是电脑神童的他，在大学更是个不折不扣的电脑宅男，但是这样闭目塞听的生活并没有妨碍他对信息的获取和他对财富的挖掘。

扎克伯格在上大二那年，成功侵入了哈佛的一个数据库，并将数据库中学生的照片上传到自己设计的网站上，供同学评价彼此的魅力。这一创意引发了广大同学的极大兴趣和热情。不久之后，受这一创意的启发，扎克伯格和两位室友一起重写了网站程序。新的网站程序，让每一个注册的会员都主动地提供自己的姓名、联系方式、照片和兴趣爱好等个人最私密的信息，同时也能够在这个免费的平台上了解掌握自己朋友们的最新消息和动态，并具有聊天功能和交友功能。扎克伯格将网站改建成一个供哈佛学生相互联系的平台，并将它命名为Facebook，于2004年2月正式推出。不久，Facebook风靡整个哈佛校园，到2004年年底，注册Facebook的人数已突破100万人，业务也扩展到了麻省理工学院、波士顿大学和波士顿学院等其他学校。到2010年，Facebook的注册用户已超过了4亿人，并且同时在线人数也超过了1亿，而且这一年Facebook告别风险投资，正式依靠自己的网站广告收入维持运营。而马克·扎克伯格的成功鼓舞了每一个有梦想的年轻人，他的传奇创业经历更是被拍成电影，搬上荧幕，鼓舞着更多的年轻人。

从一个一无所有的电脑宅男，到身家亿万的世界富翁，马克·扎克伯格的成功代表着新兴的年轻一代对财富挖掘和对信息获取的新兴模式，也让更多的人见证了新型创业和成功模式的诞生。

马克·扎克伯格的成功，是新时代对信息获取新模式开始的标志。中国有句俗语"足不出户可知天下事"，扎克伯格的成功正是这句话的真实写照。虽然当初建设网站、黑客入侵纯属娱乐爱好，年轻的扎克伯格头脑里并没有多少专业的市场信息概念，也没有信息分析和信息发掘等获取信息的意识，甚至可以说当时的他对信息还有点"闭目塞听"的感觉。但是，他却在自己的娱乐爱好之中无意地体会到了掌握信息所带来的好处，于是他便运用逆向思维，让自己的每一个客户都能主动地向自己的平台提供免费的信息，从而吸引更多人的关注和加入，于是，巨大的财富便水到渠成。

当你在追求成功的道路上感觉到自己的才疏学浅时，当你在发掘财富的过程中产生"闭目塞听"的感觉时，那么请你去获取信息吧，信息是弥补自己学识不足的唯一方法，信息也是改善自己认识局限的唯一途径。

在现代信息社会中，网络的发展让获取信息的途径更加多元，渠道更加丰富。一个人即使足不出户，也可以利用网络获得自己所需要的信息，而且不需要花费太多的成本。但是，信息的多样化同样隐藏着很多问题，如何辨别信息的真伪对每一个投资者而言都至关重要。对信息的判断正误会直接影响到投资的失败与成功、收益的大小。

这就要求在分析信息时，投资者要有自己的判断，要有自己的智慧。能够根据市场形势，判断其发展趋势；能够从政府政策或一些重大事件中预测可能会出现的趋势，从而适时地改变自己的投资策略。华尔街上的精英们对市场始终保持着高度的敏锐，市场上出现的一些风吹草动都会引起他们的极大关注。他们可以通过这样的事件，分析紧接着市场会出现什么状况。一般的公众只能看到表面现象，而事情的发展往往并不是那么简单。真正的投资行家会发现隐藏在背后的深层次原因，这往往也是真正的原因，也是决定投资正确与否的关键。

既要积极获取信息，掌握足够的信息，又要对信息有敏锐的判断，果断地决策退还是进。对信息的加工是最重要的过程，经过对信息的去粗取精、去伪存真，事件的真面目才能展现在你面前，这个时候再决定自己的投资政策，才能避免因为表面上的错误而导致投资失败。

此外，对信息的运用也是关键。掌握了一定量的信息之后，如何运用这些信息，如何从掌握的信息中获取一定的收益，每个投资者都要将掌握的信息落到实处，切实地为自己的投资决策服务。

自动自发做该做的事

当今社会，听命行事的能力固然重要，但个人自动自发的精神更应受到重视，许多公司都努力把自己的员工培养成自动自发的人。因此在职场中，你不必事事都等候着老板交代，应学会自动自发地去工作。

小赵是一家房地产开发公司的员工。一次，在和朋友聚会时，偶然她听到一个内部消息，市政府有意向在市郊划出一块地皮，用来建经济适用房，以解决市内低收入者的住房困难问题。得知这一消息后，小赵便立即多方求证这条信息是否可靠，同时还着手准备一些前期资料。她认为如果这个消息是真实的，那么一旦公布，市政府就会公开招标，到时将会有多家开发商去投标。如果自己的公司先做好了准备，中标的胜算不就更大了吗？

一些同事见了，不解地问："小赵，你干嘛自讨苦吃呀？你现在做的这些事，老板可没吩咐你呀！再说，如果那个消息是假的，你岂不是白忙一场？"

"如果是真的呢，我现在做的这一切不就变得非常有价值了吗？"小赵坚定地回答道。

两个月后，这个消息得到了证实。市里有实力的几家房地产开发公司立即忙碌起来，开始了投标前的紧张准备工作，小赵所在的公司也不例外。就在总裁紧急召集中高层管理人员开会，商讨竞标工作的运作时，小赵拿着一摞厚厚的资料敲开了会议室的门。

"你不是财务部的员工吗？"总裁看到那一摞资料，既高兴又意外。

"是的。"

"谁让你这样做的？"

"没有人吩咐，但我认为主动并提前去做这些，能给公司带来帮助。在其他公司还在忙着收集资料时，我们就可以动手制作标书和筹备其他事情了，这样我们将会占尽先机。"小赵的话刚说完，会议室便响起了热烈的掌声。这掌声既是公司领导层对小赵的感谢，又是对她自动自发工作的肯定。

在后来的竞标中，小赵所在的公司果然一举中标。在庆功会上，总裁郑重地代表公司向她敬了一杯酒，并宣布小赵将接替即将退休的财务主管的职务。

一个员工在做好自己分内工作的同时，还能自动自发地去做些没有人吩咐但是对公司却极为重要的事情。试想一下，那些自动自发工作的员工不受嘉奖、不受重用，那么公司还会重用什么样的员工呢？

职场上，有这么一点，是每一个老板都希望员工去做的：不要只做我告诉你的事，运用你的判断力，为公司的利益去做需要做的事。

在工作中，只要你认定那是你要做的事，就应果断地采取行动，而不必等老板作出交代。随着公司成长，员工的职责范围也在不断扩大。因此，员工不要总持着"老板没交代"的理由来逃避责任。其实，当额外的工作出现时，你不妨把它看成一种机遇。

然而，在职场中，总有一些人经常闲着无事可干。当领导走过去询问原因的时候，他总是说："我已经把您交代的事情完成了。"这种人认为，做完老板安排的事情就很不错了。其实，在企业里，比奉命行事更重要的是个人自动自发的工作精神。在竞争激烈的职场上，真正成为职场上

"不倒翁"的往往是那些主动的员工。

微软企业文化中的一条准则：每一个员工都要充分发挥自己的主动性。总之，不要被动地等待老板告诉你应该做什么，而应该主动去了解自己需要做什么。你只有这样自动自发地去工作，才能在竞争激烈的职场上取得一番成就。

许多初入职场的员工往往没有弄清楚管理者和企业对自己的真正期望是什么，他们认为只要老板吩咐的时候去工作就可以了。然而，一个老板真正期望的员工却不是这样，他们要的是能自动自发去做没有人吩咐但对公司有帮助、能让公司获得利益的事的人。当一个员工懂得自动自发地去工作的时候，他就有可能成为最受企业欢迎的人。

那么，什么样的工作不需要老板交代，需要你自动自发去做呢？对此，我们提供以下的建议：

首先，必须是有利于企业发展的事情。对于那些无足轻重的事情，不要打着"自动自发"的旗号，否则你的行动会适得其反，不但不能把工作做好，还有可能会受到老板的批评。所以，你一定要考虑清楚你所做的事情是否是老板最需要的、公司最需要的。

其次，老板无暇顾及的但又是势在必行的事情。一个人不可能事事都能照顾周全，老板也是一样的，可能有些事情他也看不到。如果你能够不用老板交代，主动去分析哪些事情对公司的前途有好的影响，哪些有坏的影响，然后把你的建议上报给老板，请老板定夺。如此，即使你的建议有考虑不周之处，老板也会对你另眼看待，这样让自己脱颖而出也就指日可待了。

拥有别人没有的资源

资源是财富的宝库，是创造财富的大金矿。资源是生意场上的一种无形资产，有了强大的资源，财富会随之而来；而如果没有丰富的资源，那么你就会寸步难行。一个人的资源越是丰富，就越能证明他的能量非同一般。别人可能要费尽九牛二虎之力才可以办成的事，他可能只需要一个电话，就能非常轻松、漂亮地给解决了。所以要善于创建自己有效的、丰富的资源。

美国的斯坦福研究中心曾经做过一次调查，结果证明：一个人一辈子赚的钱，只有12.5%是来自知识，而其他的87.5%都是来自资源。

资源是一个人事业成功的助推器，所以要善于发现你生命中的贵人。

柯克·道格拉斯是美国的老牌影星，还是成功的制作人。1949年因为出演影片《夺得锦标归》中的一名残酷无情的拳击手而一举成名。道格拉斯健壮的体格，独具特色的嗓音，使其很快就成为活跃在好莱坞一线的知名演员，最终还获得了终身成就奖。他成功的原因就是遇到了自己生命中的贵人。道格拉斯年轻时曾经非常的落魄，但是他并没有因为自己的穷困潦倒而消极悲观，他依然保持积极的、乐观向上的心态，虽然当时没有人，甚至包括很多知名的大导演，认为他会有成为大牌明星的那一天，但是机会还是在道格拉斯自己手里掌握着。有一回搭乘火车时，道格拉斯结识了自己命运中的贵人。在火车上，道格拉斯跟坐在自己旁边的一位女士聊天，就是因为这次聊天，使他的人生出现了一次大转折，命运也从此被改变。原来这位女士是好莱坞一位知名的电影制片人，通过跟道格拉斯的谈话，她认为他有成为名演员的潜力，就帮他打开了一扇通向好莱坞的大门。没几天，道格拉斯就被请到她所在的制片厂工作，他的明星梦也最终成真。

唐朝韩愈的《马说》中有这么一句话："世有伯乐，然后有千里马。千里马常有，而伯乐不常有。"如果说道格拉斯就是匹千里马的话，如果他没有遇到伯乐，他也许会永远地待在槽枥之间，没有出头之日了。

所以说，资源就像一把钥匙，能帮你打开通向成功的大门。一个人的人脉资源，就像一张存折一样，是一笔积蓄的财富，也是一股潜在的实力。只要需求，就可以拿来用，有效地解决实际问题。当然存折上的存款是越多越好。有好的人脉资源至关重要，要多结交贵人。在做生意时，如果能得到这样的人的大力相助和支持，借助他们的能力，确实可以大大地缩短努力的时间，以较快的速度跨进成功人士的行列。就像牛顿说的：我所以能看得远，是因为我站在了巨人的肩膀上。

微软公司董事长比尔·盖茨在他20岁时就成功地签到了第一份合约，而且这份合约还是跟当时世界第一的电脑公司——IBM签的。而当时，比尔·盖茨还是一位在校读书的大学生，手中并没有多少人脉资源。他是怎么成功地拿到跟IBM的合约，一下子就钓到这么大的"鲸鱼"的呢？很多人都很好奇。其实很简单，就是因为在他和IBM之间有一个重要的中介人，那就是比尔·盖茨的母亲。比尔·盖茨的母亲本人就是IBM董事会的董事，做妈妈的介绍自己的儿子给董事长认识，不是理所当然顺理成章的事？总之，正是因为比尔·盖茨有这个得天独厚的人脉资源，使得他轻松地就签到了IBM这个大单，从而使他的事业有了一个很好的开端，为他成功地走进IT业奠定了第一块基石。

其实机会对每个人来说都是均等的，但是最终的结果并不是人人都能获得成功，各行各业都是有的成功有的失败。究其原因，除了专业知识、工作态度等一些必备的因素之外，很重要的一点就是要有良好的人际关系，要有丰富的资源，要认识一些关键性的人物，这样可以帮自己获取机会，拥有更广的出路。

现任世界银行首席经济学家兼高级副行长林毅夫的一生有很多传奇的经历。就拿当初他能够有机会脱颖而出得到著名经济学教授西奥多·舒尔茨的赏识、并在他的门下学习经济学来说，就很发人深省。他是在北京大学做义务翻译工作时认识舒尔茨教授的。1980年，中国大陆刚刚开放，当时获得了诺贝尔经济学奖、芝加哥大学荣誉教授称号的舒尔茨应复旦大学邀请到中国进行学术访问。访问结束前，他又到当时中国的最高学府北京大学宣讲他的经济学理论。当时中国刚恢复高考不久，北大一时还找不到熟悉西方市场经济学的英语翻译。而林毅夫正好是个既谙熟西方经济学理论、英语口语又非常流畅的人，他到大陆前是台湾的一个军官，已经在台湾获得了企业管理学硕士学位，英语基础也很好，所以林毅夫就成了能胜任这个翻译工作的唯一人选。在翻译的过程中，林毅夫的专业知识和出色的语言能力都让舒尔茨教授深感惊讶，也对这个年轻人很是欣赏。舒尔茨教授就问林毅夫想不想到美国读博士，林毅夫不假思索地答应了。舒尔茨教授并不是随口说说的，他回国后不久，就给林毅夫写了信，正式地邀请他到芝加哥大学经济学系攻读博士学位。1982年，林毅夫从北京大学毕业后，就远涉重洋，到了芝加哥，师从舒尔茨教授，学习农业经济。

这不能不说是一种缘分了，林毅夫到芝加哥时，舒尔茨教授已经是将近80岁高龄的老人了，而且不带博士生也有10年了。是林毅夫，这个来自中国的年轻人，他的才气让舒尔茨教授大大地破了例，在耄耋之年，欣然将他收作关门弟子。1986年，林毅夫在芝加哥大学顺利地读完了博士学位，他的博士毕业论文《中国的农村改革：理论与实证》，被他的导师誉为"新制度经济学的经典之作"。

对林毅夫来讲，能够被舒尔茨发现并最终跟他到芝加哥学习经济学，这中间虽然带有某种机缘巧合的性质，看上去像是很偶然的事，但是从人脉资源的角度来说，舒尔茨教授不失为林毅夫的一个贵人。所以要多结交人，利用各种场合，利用自己的优势，扩展自己的资源，并最终使之为自己服务。

目光要长远，不计较眼前利益

据科学家研究，人类的脑细胞不少于140亿个，但穷尽一生，大脑的潜力开发也不到10%。这表明，人的脑子只能越用越灵活。明白了这些，你就可以放心大胆地去思考任何事情，尽情地开发自己的潜力了。但需要时时留意的是，不管做任何事情，都要将目光放得长远，不能只图眼前的利益。如果只看眼前，风来随风，雨来随雨，今天干这，明天干那，什么事情都想凑凑热闹，还美其名曰开发潜力，那最终的结果就是百事通，百事不精。到头来只会落得个两手空空，一事无成。在生活中，每个人都难免遇到自己能力之外的事情；在工作中，每个人也都时常碰见自己权限之外的任务。此时，要多站在别人的角度去思考，不能由着自己的性子肆意胡为。只有将目光放得长远些，才能得到长久的利益。如果目光短浅，只在乎一城一池的得失，那就会得到了短期利益，却丢掉了长远利益。那些短视的人，往往在得到了些许好处的同时，失去了更多。

史云玲是北京某重点大学的应届毕业生。她性格外向，喜欢与人沟通，在大学期间，曾在许多报社做过实习生。在实习阶段，她做过几个好选题，受到报社领导的一致赞誉。因此，史云玲信心百倍，希望自己毕业后能进一家大报社工作，将来成为一名优秀的编辑。

毕业后，史云玲进了一家杂志社，由于学历高，头脑灵活，她很受重视，刚一入职就参与策划了一个大的选题。史云玲非常高兴，颇有些得意忘形。不久，由于言语不当，与部门的领导发生了争执。领导当面说了些过火的话，这令史云玲非常难过。她感觉这家杂志社在歧视自己这个新人，部门领导妒忌自己的才华。一气之下，史云玲辞职了。

没过几天，史云玲又进了一家业内非常有名的杂志社。在这家杂志社里，史云玲连续做了几个选题，这些选题有的得到了领导的认可和称赞，有的没有被审批通过。史云玲看着自己没有被审批通过的选题，心里很不是滋味，她感觉自己在这家杂志社里也受到了歧视，自己的才能得不到发挥。她想来想去，又辞职了。

然而，机会总是青睐于她。没过多久，史云玲又进了当地一家日报社。刚入职的时候，史云玲雄心勃勃，打算大干一场。可上班没几天，她又感觉自己的才能得不到发挥，这里不能为她提供一个很好的发展空间。结果，她又辞职了。

就这样，史云玲的工作换了一家又一家，她总是奔走在改换工作的路上……

故事中的史云玲是许多在职场中打拼的年轻人的缩影。这些人也像故事中的史云玲一样，总是感觉自己的才华得不到施展，渴望得到更大的发展平台。其实，这些人根本就没有意识到，任何一个工作岗位都蕴藏着无限的机会，只有踏踏实实去工作，才能逐渐得到领导和同事的认可，进而获得更大的发展空间。一味地跳来跳去，总是不满足于现状，计较眼前的些许小利，就会永远在失业的边缘挣扎，自己也始终在失败的边缘徘徊。

作为一名有抱负、有理想的年轻人，只有在平凡的岗位上做出不平凡的业绩来，才能稳步发展，登上事业的高峰。那些只计较眼前利益的人，会被已经取得的短期的成功冲昏头脑，丢掉了长期的利益。

萨姆和杰克同时在芝加哥一家报社工作，两个人卖同一份报纸。从某种意义上讲，两个人是竞争对手。

萨姆非常勤奋，他每天天不亮起床，取完报纸后沿街叫卖。他态度和善，嗓音也很洪亮。他这样的辛苦工作却换来一个奇怪的结果：每天卖出的报纸并不是很多。而且，近日来，还有日趋减少的势头。

杰克头脑比较灵活，除了沿街叫卖，他还坚持每天去一些固定的场所，一去之后就给大家分发报纸，让他们先看，过一会再来收钱。而那些先前看过报纸的顾客，大多都会把钱付给他。这样，地方越跑越熟，他的报纸卖出去的也就越来越多了。

芝加哥这家报社在当地很有影响力，报社给予萨姆和杰克同一个平台，共同的成长和发展机会。萨姆得知了杰克的推销方式后，感觉这样做风险太大，如果大家不买，岂不是既浪费时间，又毫无收获吗？于是，他并没有像杰克那样去做，仍是每天沿街叫卖，虽然他的笑容更甜，声音更洪亮了，但是他的报纸卖出去的却越来越少，他十分困惑，弄不明白为什么会变成这样。即使如此，他仍坚持着沿街叫卖。

杰克仍旧跑更多的地方，免费给大家分发报纸，这样一来，越来越的人看他的报纸，大家也很乐意接受这种方式，先看报纸后交钱。即使偶尔有一两个顾客看完了报纸并不买，杰克仍对他报以甜美的笑容，表示感谢。虽然杰克暂时会因为派发免费报纸丧失了部分利益，但他却积累了越来越多的客户资源。时间一长，他的业绩越来越高了。

过了一段时间，杰克几乎将附近的大街小巷都"垄断"了，而萨姆能卖出去的报纸也越来越少，他没有办法，只好另谋生路。

芝加哥报社给萨姆和杰克提供了同样的工作平台，而两个人却在同样的舞台上有着截然不同的命运。最后，杰克业绩斐然，萨姆黯然离开。究其根源，主要是因为萨姆只在乎眼前的利益，而杰克看得更远，用短期的损失换来了长期的利益和未来的成功。

因此，不管是在工作中还是在生活中，都应该将自己的目光放长远，将精力集中在长远利益上，把自己的长远收益和眼前的目标结合在一起，有效规划时间和精力，在不断的努力中获得更大的成功。当然，更多的时候，长期的利益和短期利益要结合在一起，不能顾此失彼。如果过于注重其中一方面，必然会失去另一方面。但如果二者必取其一，一定要选择长期的利益，千万不能因为短期利益而失去了长远的利益，造成不可挽回的遗憾。

运用机遇的能力决定机遇的价值

机会是上天赐予的，成功地利用机会却是靠自己的本领。卡耐基说过，一个企业家关键时刻一定要抓住机遇，要能更深一层地研究、利用机遇。有时机遇对于大家都是平等的，能否成功就看谁能把同样的机会利用得更好。想要在行动上胜人一筹，就需要在认识分析上高人一筹，比别人考虑问题更细致、透彻，把握得更准一些，而且要与特定情境联系起来分析研究。

20世纪80年代的英国发生了一件举世瞩目的事——查尔斯王子和黛安娜将要在伦敦举行耗资10亿英镑、轰动世界的婚礼。消息一经传开，整个伦敦城都沸腾了。最着急的要数伦敦和英国其他各地的商人们，大家都明白这是一个千载难逢的发财的大好机会，如果能抓住这个机遇，也许就会达到事业的巅峰。

随着婚礼的临近，他们绞尽脑汁的创意也相继出炉。有的厂家在喜庆的糖盒上印上王子和王妃的照片，有的把各式服装印上王子和王妃的婚纱照等。虽然大家都想独具匠心，但在千百家企业中，谁也没有赢过一家经营"望远镜"的商家。这位企业主想，要想赚钱，就要卖人们最需要的东西，那才是最赚钱的，所以一定要找出在婚礼当天人们最需要的东西。婚礼举行的时候，要有上百万的人观看，将有大部分人由于距离太远，没办法看到王妃的妆容和典礼的盛况。这时候人们最需要的不是一枚纪念章、一盒印有王子和王妃照片的糖，而是一副能让他们的视野更清晰、开阔的望远镜。想到这，就立即行动，他的工厂一下子生产了几十万副用放大镜镜片制成的简易望远镜。那一天，正当成千上万的人由于距离太远、无法感受典礼的盛况而急得抓耳挠腮之际，千百个卖童突然出现在人群中，高声喊道："卖望远镜了，一个一英镑！一英镑就可以看到王妃的妆容！"不用说，几十万副望远镜被抢购一空，这位老板发了笔大财！

机遇对任何人都是平等、公正的，就看谁抓得准、用得好。其实，王子和王妃举行婚礼的消息是公开的，众多的企业都获得了这个机会，也都绞尽脑汁想要抓住机遇，虽然做了很多努力，但还是不如生产简易望远镜的那位老板取得的成绩好。原因是什么呢？只是他把相同的机遇抓得更准、利用得更好罢了。他比别人研究得更细，他抓住了那天人们最迫切的需求——望远镜，然后尽力投其所好。

俗话说，机会是不等人的。人人都想获得成功，成功需要机遇。上帝是公平的，他给每个人的机会都是平等的，但真正获得成功的人却只是少数。原因就是真正能够抓住机遇的人并不多，因为机遇就像市场上商品的价格，变化万千；机遇又像市场上的紧俏商品，如果下手购买不及时，当你发现了它的价值而再想买时，却已经没有了。机会到处都有，就看你是否抓得住，并很好地加以利用。英国进化论的奠基者达尔文就是善于利用机遇的人。

1831年，英国海军勘探船"贝格尔"号准备作一次环球航行。这时，船队需要一位自然科学家。对自然界着迷的达尔文觉得这是一次进行生物考察的难得机会，马上申请愿意随船队航行。但是由于这是一次充满未知的冒险之旅，将要遇到什么，谁都不能预料，因此达尔文的决定遭到了父亲的强烈反对，并拒绝提供一切物质和金钱上的援助，试图阻止儿子的冒险。可是，追逐梦想的脚步是不会被轻易阻挡的，达尔文对科学、自然的执著追求打动了舅父，争取到了舅父的赞助，才按时随船队出发。假设没有达尔文当初的坚持，如果失去这次大好机会，《物种起源》这部巨著也许永远不会出现在世人面前。

许多人抱怨自己没有获得成功是因为没有机会，没有得到像那些成功人士那样的机会。似乎一切好的机会都已被人捷足先登取走了，剩下的就只有一座空山。"我没有机会"，这是失败者的托辞，有志气的人是不会这样怨天尤人的。他们做每一件事，总是通过缜密的思考，密切观察留意机会，还会想方设法利用一切可以利用的时机，他们不等待机会，他们创造机会。

李文出生于黑龙江的一个农民家庭，祖祖辈辈都是靠种地生活。由于当地教育条件较差，李文初中毕业没考上高中。她想帮辛苦的父母改善家里经济拮据的现状，经人介绍，就去市里一个远房亲戚家里当了保姆。这位远房亲戚原是市里一位干部，退休在家，夫妻两个都比较喜欢看书。他们见李文勤快能干又好学，就为她提供很多书和资料。除了做基本的家务，还刻意留出时间来让她学习。李文对英语感兴趣，他们就推荐她听早晨的英语广播。经过一年的坚持努力，她竟然说得一口流利的英语。一天，老干部的一位老朋友到家里拜访，说话间老干部对李文的勤奋刻苦和流利的英语大加赞赏。正巧这位先生要推荐一个口语比较流利的年轻人参加中美联谊的一个"农友会"，就邀请李文去美国参加学习交流。

很多成功的实例证明，会利用机会的人，往往不是那些把机会奉为神的恩赐而苦苦等待的人，他们从不把希望寄托在等待上，他们明白要成就真正的大事业就要从小处做起。"天下事，必作于细""合抱之木，生于毫末；九层之台，起于垒土"。他们明白，一砖一瓦垒起来的楼房才有坚实的基础，一步一个脚印走出来的路才是通向成功的光明大道。他们相信，只有依靠自己的力量才是最实在，也是最可靠的。

机遇本身并没有巨大的能量，是把握和运用机遇的能力为其赋予了无限的价值。要想获得成功，必须要有一双智慧的眼睛，善于寻找和发现机遇，更要有一种善于利用机遇的能力，这才是让机会体现真正价值的关键。机遇是流动的资源，抓不住它，机遇就成为过眼烟云；抓住了，机遇就能变成巨大的优势，为人们带来光明的前途、梦寐以求的成功。面对"千年等一回"的机遇，我们都要锻炼自己紧抓机遇和利用机遇的本领。

第二章

思路：聪明的脑子比
苦干更容易成功

就算你有最完善的计划、最完美的实施者，但是停步不前就仍然会困在一尺三寸之内，永远不能获得成功。人的潜力是巨大的，一旦行动起来，潜在的力量化为现实，成果会是巨大的。世界上没有解决不了的问题，没有过不了的高山和趟不过的河沟，前提是必须马上行动起来。

效率比设想重要

效率比设想更重要，什么是效率？就是行动，行动才是我们通往成功最直接的道路。

没有行动作支撑，一切都是空话。

演讲大师齐格勒讲过这样的故事：

火车的牵引力很大，但是一旦它停在铁轨上，只要8个小小的驱动轮前塞，一块只有一英寸大小的木块，这个庞然大物就稳稳停在铁轨上。但是一旦这个庞然大物运行起来，小小的木块就算粉身碎骨也无法阻止它。当火车的时速达到100英里的时候，就可以穿透5英尺厚的混凝土墙。火车头威力巨大的原因就是它在行动。

就算你有最完善的计划、最完美的实施者，但是停步不前就仍然会困在一尺三寸之内，永远不能获得成功。人的潜力是巨大的，一旦行动起来，潜在的力量化为现实，成果会是巨大的。世界上没有解决不了的问题，没有过不了的高山和趟不过的河沟，前提是必须马上行动起来。世界上的一些事情，并不像我们想象的那么困难，一味的逃避并不能解决问题。最开始不了解的时候，我们可能会被它的声势吓倒，一般的人都会选择撤退，但是尝试着行动之后就会发现，困难不过如此。

安东尼·罗宾说：没有行动就没有成功。

年少时候的安东尼·罗宾家境并不富裕，他经常穿着7分裤在街上晃荡，不是在赶时髦，是因为他的个子长得太快，而家里没有太多的钱给他买衣服。安东尼·罗宾17岁的时候，带着他全部的家当——一辆价值九百美元的二手车，离开了贫穷的家庭。由于住不起宾馆，安东尼·罗宾须跑到"7-11"连锁店门口睡觉。安东尼·罗宾做梦都想结束这样的日子，他希望有一天这所有的一切都能够改变。

机会来了，安东尼·罗宾的朋友告诉他，潜能大师吉米·罗恩的课程能够帮助他改变命运。安东尼·罗宾高兴地去了，但是昂贵的学费让他望而却步，当时收费一千二百美元，这对于安东尼·罗宾来说是一笔天大的数字。

然而，行动派的安东尼·罗宾怀着想要改变的决心，四处借钱，他跟所有的亲戚朋友借钱，他总共向四十四家银行提出贷款，但是没有一家银行相信安东尼·罗宾有偿还的能力。最后在银行的厕所门口，银行的经理被他的决心感动，拿出了自己的一千二百美金给了安东尼·罗宾，自此，悲惨少年的命运发生了巨变。

短短的几年时间，安东尼·罗宾买下了一个面临太平洋的城堡，同时还拥有了自己的私人飞机。他在美国的十几个州都有分支训练机构，每年的参与者有数百万人。他被美国总统克林顿、英国王妃戴安娜等上层人士聘为私人顾问，为南非总统曼德拉、前苏联总统戈尔巴乔夫和安德烈·阿加西等名人提供咨询。

行动就是对人生最好的证明，是自身价值得以体现的机会。如果安东尼·罗宾至今还没有参加潜能大师吉米·罗恩的培训课程，那么成功也就无从谈起。我们都需要一颗追求成功的熊熊燃烧的企图心，这是行动的动力和必备条件。德摩斯吞斯说："行动是万事之首。"罗素则认为：先行动起来，否则不可能拥有积极的心态和清晰的目标。

尤里卡是一个不折不扣的思想派。一天，尤里卡想吃土豆泥，他幻想着土豆的芳香、金黄的色泽，滑腻的口感。他觉得自己应该站起来去超市买点土豆，然后边看电视，边跟着电视里面的节目做好吃的土豆泥，然后在精美的盘子里摆上刀叉，可是尤里卡看着手里的故事书，他一直没动，直到妈妈叫他去吃泡面。

在上学的时候，尤里卡从来不觉得自己是个笨孩子，相反，他发育很早，也很聪明。尤里卡的梦想是做一名医生。但是医生要学很多的东西，尤里卡说，从明天开始，我一定好好学习，今晚就让我放纵一下吧……就这样，到了大学毕业，尤里卡还是在想，没关系，从明天开始我就去钻研医学，先让我睡一会儿……

当朋友们问尤里卡为什么不是医生，尤里卡说：我哪有时间，我很忙……

如同尤里卡一样，很多人在"没有时间"的借口中将人生蹉跎过去了。明日复明日，明日何其多，最后一事无成。

风车只有在风的推动下才能运转起来，转机只有在动起来的时候才能发电。人们不行动，永远没有力量和成功的机会。在苦难面前，不要低头，不要放弃，也不要坐在那里空想，行动起来，生活和工作才能变得丰富多彩，遇到各种各样的问题，想各种各样的解决方法，人生才变得有意义。证明自己的最好方式就是行动，行动的力量是强大的，是坚不可摧的。

在伊索寓言中，讲述了老鼠的故事：

所有的老鼠在一起开会，大家在声讨猫的罪行。其中一只老鼠对猫更是深恶痛绝，它提议把猫游行示众，并在猫的脖子上挂上铃铛，这样猫无论什么时候靠近他们，他们都能提早听到铃声。这个想法简直太好了，全体老鼠欢声雷动。老鼠国王就说："我的勇士们，你们谁愿意去完成这个任务呢？"

霎时，老鼠鸦雀无声。

方法和行动在现实中比思想更为珍贵，光有好的办法却没有可行性，只能算作空想。这是没有价值和意义的。世界上最漫长的是时间，人们觉得无穷无尽，最短的也是时间，因为我们的很多计划还来不及完成，时间就已经过去了，不给我们任何多余的机会。时间是无穷大的，也是消逝最快的，它既多情多义，又翻脸无情。行动起来就是在给时间机会，给自己机会。这是一个风云际会的时代，稍微的迟疑和犹豫都有可能丧失成功的契机。语言和文字以及伟大的思想都不可能代替行动，一颗行者的心依靠实践和结果，能够向人们展示出最有力的证据，那就是成功的事实。不去做，永远不可能成功。

美丽的罗马纳·巴纽埃洛斯是一位墨西哥姑娘，她在16岁的时候已经嫁为人妇，并有了两个可爱的儿子。但是丈夫却离家出走，剩下罗马纳·巴纽埃洛斯独自支撑家庭。美丽的姑娘决定为自己的儿子创造骄傲的生活。

在德克萨斯州的埃尔帕索安定下来之后，她在一家洗衣店工作，最开始一天只有一美元的报酬，但是她一直把自己的梦想设立为从贫困的阴影里走出来，过受人尊敬的生活。在有了7美元之后，她带着两个儿子去了洛杉矶。她没有管自己的工作是什么，找到什么就做什么，直到她有了

400美元的财产。她和自己的姨母合资买下了一家店面，她们共同研发了一种玉米饼。最后她们的经营获得了成功，并开了几家分店、很快成为了全美最大的墨西哥食品批发商。

在生活得到保障之后，这位年轻的母亲要帮助所有的美籍墨西哥同胞，她召集了许多朋友，一起开设了"泛美国民银行"，为墨西哥人服务。很快银行的资产增长到了2200万美元。在这之前，很多人劝阻她，他们认为没有一个墨西哥人能够在美国的大地上开设银行。这是不可能成功的。但是罗马纳·巴纽埃洛斯一直在靠自己的行动向人们证明他们的理论可以被推翻，她的签名出现在了美国的货币上，并成为了美国第34任财政部长。

坚持不懈的努力和行动为罗马纳·巴纽埃洛斯带来了巨大的财富和成功的事业，罗马纳·巴纽埃洛斯没有想到自己以后的计划是什么，没有进行任何的冥想和资料审查，她只是靠自己的双手想到什么就做什么，靠自己的行动，积极地去做事情，不断地付诸实践。最后她取得的是骄人的成绩。

有时候，我们不必在意那么多，成为一个切实的行动派，一个实践主义者，会为你的人生带来无法想象的成功和财富。哈佛大学呼吁我们，理论知识固然非常重要，但是如果不去做，就永远只能是一堆华丽的文字，永远不可能转化为现实。

课堂笔记：威·赫兹里特说："伟大的思想只有付诸行动才能成为壮举。"只有行动，才能让一切成为现实。行动是我们产生一切外部结果的基础。

思路突破：从多维的角度思考人生

要想成功，就要学会从多维的空间和一维的时间来观察和理解人与环境的关系，善于从中认识自己，知道自己在环境里处在怎样的位置上。这种多维的取向并非是要你去尝试各种职业或各种生活方式，而是要你从个性的种种要素上充分地鼓励自己，培育自己，挖掘自己的能力。多维思维可以使你发散式（如阳光四射）地或辐合式（如磁铁引力）地洞悉事物的内外联系。其中自然有以时间为参照物的回顾与展望，这样无论是微观或宏观对象，都能以立体思维的方式，或精细分析，或综合体悟而获得解释和创见。当人以立体思维的方式思考问题时，就能以最小的偏见或成见看问题，也能获得更多灵感和远见。

那么，怎样有意识地训练自己多维的思考能力呢？

多维思考问题，能够帮助我们突破思维的局限，扩大思维的视角，同时拓展思维的深度。我们要将自己的个性发展定位在全息的时空背景里，从每件小事做起，从每一条信息中看出有价值的部分，在每一个机会里安排下自己的目标，从自己的每一个念头里发现新的内容，在每一回冲动里感到自己的热情与意志，并在每一次行动中体验到自己的成长。这时我们会觉得"每一天的太阳都是新的"，世界充满了生机，我们有那么多的事要做，有那么多东西要学，可走的路四通八达，肯帮我们的人无处不在。

同时你还要有一颗追求卓越的心，你的人生随时都能重新开始。

这个世界上没有人会一生都毫无转机，穷人可能会腾达为富人，富人也可能沦落为穷人。很多事情都是发生在一瞬间。富有或贫穷，胜利或失败，光荣或耻辱，所有的改变都会在一瞬间发生。

CNN的老板特德·特纳，年轻时是一个典型的花花公子，从不安分守己，他的父亲也拿他没办法。他曾两次被布朗大学除名。他的父亲因企业债务问题而自杀，他因此受到了很大的触动。他想到父亲含辛茹苦地为家庭打拼，他却在胡作非为，不仅不能帮助父亲，反而为父亲添了无数麻烦。他决定改变自己的行为，要把父亲留给自己的公司打理好。从此他变了一个人，成了一个工作狂，而且不断寻找机会，壮大父亲留下的企业，最终将CNN从一个小企业变成了世界级的大公司。

禅宗讲求顿悟，认为人的得道在于顿悟，在于一刹那的开悟。其实人生也是这样，思想的改变就在一瞬间。当我们顿悟后，我们就能洞察生命的本性，将蕴藏在内心中的潜能都充分地发挥出来。

早年，鲁迅认为中国落后是因为中国人的体格不行，被称作东亚病夫，于是他去日本学习医学。但一次在课间看电影的时候，他看到日本军人挥刀砍杀中国人，而围观的中国人却一脸的麻木，当时其他的日本同学大声地议论："只要看中国人的样子，就可以断定中国必然灭亡。"鲁迅在思想上顿时发生了改变，他说："因此我觉得医学并非一件紧要事，凡是愚弱的国民，即使体格如何健全，如何茁壮，也只能做毫无意义的示众的材料和看客，病死多少是不必以为不幸的，所以我的第一要素是在改变他们的精神，而善于改变精神的事，我那时以为当然要推文艺，于是想提倡文艺运动了。"从此，鲁迅决定弃医从文，以笔为枪，去唤醒沉睡中的中国人，中国也多了一位伟大的思想家和文学家。

一个人想要达到成功的巅峰，也需要顿悟，从你的内心深处升起的那份对卓越的渴望，将会在瞬间改变你的一生。

每个人都渴望辉煌，企盼成功，但成功并不是唾手可得的。无数杰出人士的成功事例证明，它是多维思考的结果。只有拥有了多维的思考能力，突破自身的局限，才有可能走向成功。

其实，人的改变就在一瞬间，只要我们思想上有了一种强烈的要改变的意识，并下定决心，改变就会出现。一瞬间的改变可以成就一个人的一生，也可以毁掉一个人的一生。调整好思路，你生命的转机就在不远处。

拒绝事必躬亲，借力更有效率

越是有能力的人，越是具有较强的自信心，他们对自己能做什么很有把握，而对他人能做什么却不太放心，于是成为了让他人干不如自己干的事务主义者，养成了事必躬亲的习惯，这种精神未必可嘉，方法更属不当。

即使是最基层的员工都需要自己的工作空间和权力空间，如果管理者管得太多太细，下属会不自觉地放弃了思考，而管理者又会为此疲惫不堪。所以，事必躬亲是一种恶习。

造成事必躬亲的原因很多，主要是在于：首先不知道时间运筹术，也就是说不知道自己有多少时间，不知道过多地把工作包揽到自己身上能否胜任，不知道有些琐事由自己来做值不值得；其次是按自己的行为模式要求他人，错误地注重表现而忽略了结果，不适度地要求别人自然产生不信任感；再次就是只看到节省时间于一时一事，只看到自己动手可以免掉督促、检查和交代的时间，没有看到一旦让别人去做，再碰到类似的工作，就可以不再亲自动手，最终会为自己赢得更多的时间。

学会把权力下放，合理地分配人力资源，才能提高整体的工作效率。把没有必要自己亲自做的事情交给别人来做，才能帮你节约出更多时间去做那些真正重要的事情，不然你会被大量的琐事所淹没，反倒没有时间去做那些真正值得你去做的事情了。

要做到避免事必躬亲就要从造成事必躬亲的原因下手。首先，你必须明确你自己有多少时间，在这些时间里，你能做多少事情，哪些事情是不用你亲自做的。其次，你要相信你自己，也要相信别人，相信你的下属和你的同事，世界上不只你一个人有能力去做成这件事情，要相信你的下属和同事也能把事情做好。并且，你要接纳别人的工作方式，虽然别人的工作方式可能跟你不同，你可能很不喜欢，但是，"不管黑猫白猫，抓住老鼠就是好猫"，只要事情最终能办妥，就不要在意那么多。再次，你可能会觉得把事情交给别人后，你还要花时间去监督检查，但你要意识到，这样花费的时间要比你自己去做少得多。而且一旦别人做过一次这样的事后，再遇到同类的事，你就可以放心地交给别人了。

在亚里士多德的那个时代，亚里士多德是一个真正的博学家，因为当时人们掌握的知识还非常有限。但当人类社会发展到现在，已经不存在博学家了，而只有专才，包括所谓的博士，其实也只是在一个很小的领域里进行深入研究的人。所以，我们不可能掌握到所有的知识和技能。就算是亚里士多德这样一个博学家，也不可能自己去做所有的事，他做饭肯定没有厨师好，洗衣肯定没有女仆好，缝衣肯定没有裁缝好，他只要做好他拿手的研究就行了，而其他的事，有人会比他做得更好。因此，没有必要事必躬亲，要学会借助别人的力量去做事情。

在中国服装界很具有影响力的刘小云是一个借力高手。

他从小喜欢名牌服装，穿着十分考究，这促使他与服装行业结缘，他26岁与人合伙开办服装厂，踏入了服装业。之后一路畅通，曾经向行内、外成熟企业借力，包括借助NBA、2008奥运会的势，不断地将自己的事业推向高峰。

1987年，刚刚成家的他，做出了一个让所有人都难以理解的决定：放弃待遇优厚的工作，下海创业，做服装生意。几年后，他的生意已经初具规模。1992年，他迎来事业发展的第一个高峰。通过朋友的推荐，他与当时在泉州服装行业排名第一的企业达成合作协议，用他公司的生产团队为其贴牌加工。到1993年初，他的员工已经达到300人，每天能生产1000件服装。1995年底，他又与另一家名牌企业合作，借助该企业的品牌优势，利用自身在产品开发、设计和制造上的能力，借壳发展。随着资金实力逐步壮大，他感觉独立运营品牌的时机已经成熟。是租牌运作还是创牌运营呢？他一时拿不定主意。此时，正值"拼牌"男装进行授权，刘小云觉得这是一个借力的大好机遇。取得授权后，他马上召开1998年秋冬订货会，并投入100万元进行宣传。当时的宣传效果非常好，一个月内他就招徕全国二十多个省份的代理商，开启特许加盟专卖的先河。这一年，他的销售业绩突破8000万元，专卖网络达到400家。2000年，经销商抢着订货，甚至为订货发生冲突，此后2年销售业绩徘徊在1个亿左右。

2006年8月，当他得知NBA来中国开拓市场的消息，火速飞赴北京和上海与之接洽，并签订一系列合作协议。这一年，他的专卖店发展到900多家，销售业绩也比上年增长50%以上。随着2008年的到来，他继续借力高端体育资源，嫁接2008北京奥运的商机，在全国展开新一轮进攻狂潮。

试想一下，如果刘小云不是采用借力的方式，而是自己一个人一点一点的从零做起，他不可能在这么短的时间内取得现在的成就。所以，借力往往比亲力亲为更有效率、更能成事。并不是说我们要丢掉自主，而是说我们要善于利用外部资源和他人的力量，这样才能大大提高我们做事的效率，这才是聪明者的做法。

如果你正被千头万绪的工作所打扰，如果你正为缺少时间去赚钱而发愁，那么请尝试借助别人的力量来完成工作吧，它一定会给你带来意想不到的效果，节省大量的时间。

活用逆向思维看待市场信息

一般而言，大多数人都习惯于从正面方向去思考问题并寻求解决方法，而华尔街精英却与众不同。他们是倒过来思考，从结论往回推断事情，寻找问题的答案，这就是用逆向思维来看待问题。在信息化时代，每时每刻股市行情都在发生变化，华尔街精英用其独特的思维方式，创造出了一个又一个的奇迹。

众所周知，股票市场瞬息万变，它可以让人一夜暴富，也可以让人顷刻间一无所有。华尔街精英的思维都相当敏捷，对于短线操作更是手到擒来，但是，也难免会有陷入困境的时候。而被誉为"股神"的巴菲特，却能在华尔街纵横数十年，这自有他独特之处，那就是对待问题常用逆向思维进行推断，化繁为简，抓住本质，得到最佳答案。在巴菲特第一次碰到大牛市时，有这样一段故事：

1968年的美国股市牛气冲天，华尔街精英们每天都疯狂地忙于交易，据当时数据记录，每日平均成交量比去年的日成交量要多30%。在股市一片大好的情况下，巴菲特便开始思考一个问题，他回想起前些年的股市行情，透过纷繁的交易现象，他做了一个重大的决定，那就是退出股市。

正当人们认为股市最牛的时候退出的巴菲特是个大傻瓜的时候，令人意想不到的事情发生了。1970年5月，股票交易迅速下跌，这一信息的传出，让很多投机者乱了阵脚。而此时的巴菲特为自己所做的决定感到欣慰。他的决定无比的明智，避免了这次灾难带来的损失。

华尔街精英告诉我们：逆向操作是聪明的选择。在顺境时，应该考虑事情的发展是否处于常态，化繁为简，抓住事情的本质，才会临危不乱、抵挡万难。比如留心通货膨胀的发生，防止对公司盈利造成影响；在经济状况波动不定的时候，减少对一些股票的收购，注重公司长期的业绩最为关键。

情绪化、贪婪、担心等对股票市场都有很大的影响，唯有化繁为简，抓住现象背后的本质，才能做出明智的判断。华尔街精英从长远的角度出发，成为真正的实业投资者，而投机者只能是竹篮打水一场空。

快速致富是很多人的梦想，在股市信息里的人们，更是有着对财富无比的渴望和追求。在华尔街，买进卖出的交易现象随处可见，对股票的涨跌判断错误，错估股票实际价值的事也屡见不鲜。这时，如果用逆向思维来进行操作，或许失败的概率会降低很多。

查理·芒格是巴菲特多年的合作伙伴、伯克希尔公司的第二把交椅，由于为人谦逊低调，所以长时间来不为人所知。每年当伯克希尔公司年会召开时，成千上万的股东从世界各地赶来集聚一堂，通常总会是巴菲特在台上侃侃而谈，而芒格总是低调作风，把光芒留给巴菲特。以至于在1998年9月伯克希尔公司收购通用再保险公司的特别大会上，巴菲特开玩笑地将芒格的照片放在主席台上，并用录音反复播放芒格的招牌口头禅："我没有什么要补充的。"

一直以来巴菲特相当信赖他的这位合伙人，并对他赞誉有加，他曾说："本杰明·格雷厄姆教会我只买便宜股票，查理则教我改变了这种做法。他让我从格雷厄姆的狭义理论中走了出来，从而去迎接更强大的力量，而查理的思想正是一股强大力量，他让我的视野得到了开阔。"

众所周知，格雷厄姆是巴菲特的老师，其倡导的"捡烟屁股"的投资理念正是被巴菲特发扬光大的。而买价格公道的成长股是芒格的一个重要投资哲学，他认为价格公道的大企业股票远比那些价格低廉的普通企业股票要好。也正是芒格的投资观，才使伯克希尔公司目光变得开阔，从而完成了国内外的多家投资交易，这其中便包括巴菲特投资比亚迪一事，正是由于芒格的劝说，巴菲特才下定了决心。

查理·芒格一向认为：保持逆向思维，凡事多反过来思考；拥有良好性格，放平心态，对自己看好的股票要毫不焦躁地持有；保持浓厚的学习兴趣，努力提高自己的能力；在自己的能力范围中进行投资，并通过不断地提高能力来拓展投资圈；一旦好的投资机会出现，一定要全力把握，集中投资。在芒格的投资原则中无不透露着巴菲特选股的影子，而这也充分说明了芒格与巴菲特是当今世界投资圈里当之无愧的最佳拍档，正是他们的默契才成就了伯克希尔公司的今天。

巴菲特是个善于逆向思维看市场的人，所以他能经常买到被低估的股票，并长期持有，等人天价向他购买。由于巴菲特精通逆向操作，所以每当股市做空时，也正是巴菲特进军之时。只要对看好的公司品质深入了解，就能预知它未来是否会有反弹的机会，而当股市遭遇萧条期大家都资金紧缩时，也正是最佳买点出现时。正因为巴菲特熟知多空循环之秘，所以他才能源源不断地将财源收入囊中。

逆向操作的实质就在于，当大家都不看好的时候自己看好，在大家都看好的时候自己不看好。巴菲特说过："想要在股市中赚钱，就必须要在别人贪心的时候感到害怕，在别人都害怕的时候让自己贪心。"所以投资时，我们首先要经常对抗自己的天性，因为天性有时会带领我们到一个错误的投资决策中去；其次，我们要善于体察周围的环境变化，当感受到周围的环境越来越贪婪时，就要及时地对自己说"NO"，反之，就要鼓励自己敢于说"YES"。

1968年，美国股票日平均成交量达到1300万股，股市交易达到了疯狂的地步。1968年12月，道·琼斯指数攀升至990点，第二年更是上升至1000点以上。但是，就在1969年5月，美国股市正处在牛市的高潮时，巴菲特却作出解散其私募基金的决定，他宣布说："我感到无法适应这种市场环境，我也不希望自己因为参加一种我不理解的游戏，而使自己的业绩遭到损害。"

最终，事实证明了巴菲特的明智，美国股市在1970年5月，平均每只股票都较1969年年初下降50%。到了1972年，美国股市再次迎来大牛市，巴菲特遭遇人生的第二次大牛市，这一次他选择卖出自己的大部分股票，事实也再次证明了巴菲特决策的正确。

1972年，美国股市股价大幅增长，当时主导市场的是柯达、宝丽来和雅芳等50支市值规模大、企业声名显赫的成长股。它们当时的平均市盈率天文数字般地涨了80倍，几乎当时所有的投资基金都集中投资在了它们身上，而巴菲特当时由于股价太高、买不到股价合理的股票而感到苦恼。于是，巴菲特在1972年将股票大量抛出，只保留了伯克希尔公司16%的资金用于投资股票，而剩下84%的资金则全部投资在债券上。到1974年10月，道·琼斯指数从1000点一路狂跌至580点，几乎每支股票的市盈率都是个位数，华尔街出现了罕见的历史情景，每个人都在抛售股票，没有人愿意再持有股票，除了巴菲特以外。他甚至在接受记者采访时兴奋地说："我感觉我像是一个好色的小子来到了女儿国，投资的时刻到来了。"

1999年，巴菲特第三次碰触大牛市，巴菲特在这次牛市中输得相当的惨，标准普尔500指数上涨21%，而他亏损20%，相差41%，这也是巴菲特有史以来业绩最差的一次。而这一次惨败的原因则在于，美国这次大牛市的推动力量主要是网络和高科技股票的迅猛增长，而巴菲特对高科技股向来持排斥态度，坚决持有自己的传统行业股票，所以在这次美国牛市达到最高峰时，巴菲特败给了市场。事后在年度大会中，伯克希尔的股东们纷纷指责巴菲特的投资策略太过保守，但是巴菲特不为所动。

2000年、2001年、2003年，美国股市在这三年分别狂跌9.1%、11.9%、22.1%，累计跌幅超过50%，而巴菲特的业绩在这三年里却上涨30%以上。事实胜于雄辩，人们都对巴菲特投资的长远眼光表示敬佩，巴菲特也用自己的成功证明了价值投资策略可以战胜市场，因为大牛市不会一直持续，过高的股价必然会最终回归其价值的本身。

其实早在1986年时，巴菲特就曾公开地明确表达过自己对于大牛市的观点，他认为："没有什么比参与到一场与牛市的竞争中更让人兴奋的了。很多公司的股东在牛市中得到的回报与其公司本身缓慢增长的业绩变得完全脱节，不过，股票的价格绝对不会无限期地超出公司本身的价值。由于股票持有者频繁地买进卖出以及他们所承担的投资管理成本，所以在很长的时间内，他们的总体投资回报必定低于他们所拥有的上市公司业绩。如果一个公司总体上实现约为12%的年净资产收益，那么投资者最终的收益必定要低很多。牛市可以让数学定律暂时地失去光芒，但是却不能废除它们。"

很多时候，当我们面对某些问题时，倒过来思考，顺着结论往回推，或许有些问题可以简单化，从而可以轻而易举地解决问题。甚至有时候还会有意外的收获，帮助我们创造出惊天动地的奇迹来。这也正是逆向思维的魅力所在。

逆向思维是人类活动中的一种重要思维方式。它可以帮我们对问题的思考更加深入，从而让我们树立新思想，创造新事物。它帮助我们敢于挑战权威，颠覆传统，同时在激烈的竞争中获取成功。

积极思考才有出路

积极思考是一种智慧力量，如果一件事不经过思考就去做，那肯定是鲁莽的，除非你特别地幸运。但幸运并不是时时光顾的，所以，最保险的办法是"三思而后行"。但"思"并不是件简单的事，思考也有它的特点和方法。成大事者都有自己良好的思考方法。

思考习惯一旦形成，就会产生巨大的力量。19世纪美国著名诗人及文艺批评家洛威尔曾经说过："真知灼见，首先来自多思善疑。"

大凡成就伟大事业的人，都是因为凭借了一种积极的思考力量，是创造力、进取精神和激励人心的力量在支撑和构筑着所有成就。一个精力充沛、充满活力的人总是创造条件使心中的愿望得以实现。要知道，没有任何事情会自动发生。

从前有个奇异的小村庄，村里除了雨水没有任何水源，为了解决这个问题，村里的人决定对外签订一份送水合同，以便每天都能有人把水送到村子里。有两个人愿意接受这份工作，于是村里的长者把这份合同同时给了这两个人。

得到合同的两个人中有一个叫艾德，他立刻行动了起来。每日奔波于一里外的湖泊和村庄之间，用他的两只桶从湖中打水并运回村庄，并把打来的水倒在由村民们修建的一个结实的大蓄水池中。每天早晨他都必须起得比其他村民早，以便当村民需用水时，蓄水池中已有足够的水供他们使用。由于起早贪黑地工作，艾德很快就开始挣钱了．尽管这是一项相当艰苦的工作，但是艾德很高兴，因为他能不断地挣钱，并且他对能够拥有两份专营合同中的一份而感到满意。

另外一个获得合同的人叫比尔。令人奇怪的是，自从签订合同后比尔就消失了，几个月来，人们一直没有看见过比尔。这点令艾德兴奋不已，由于没人与他竞争，他挣到了所有的水钱。比尔干什么去了？原来他通过积极地思考，做了一份详细的商业计划书，并凭借这份计划书找到了4位投资者，和他一起开了一家公司。六个月后，比尔带着一个施工队和一笔投资回到了村庄．花了整整一年的时间，比尔的施工队修建了一条从村庄通往湖泊的大容量的不锈钢管道。

这个村庄需要水，其他有类似环境的村庄一定也需要水。于是通过思考与考察，比尔重新制订了他的商业计划，开始向全国的村庄推销他的快速、大容量、低成本并且卫生的送水系统，每送出一桶水他只赚1便士，但是每天他能送几十万桶水。无论他是否工作，几十万人都要消费这几十万桶水，而所有的这些钱便都流入了比尔的银行账户中。显然，比尔不但开发了使水流向村庄的管道，而且还开发了一个使钱流向自己的钱包的管道。

从此以后，比尔幸福地生活着，而艾德在他的余生里仍拼命地工作，最终还是陷入了"永久"的财务问题中。

多年来，比尔和艾德的故事一直指引着人们。每当人们要做出决策时，这个故事都能够提醒我们，"磨刀不误砍柴功"，积极的思考比苦干更重要。

纵观古今，勤奋的人不计其数，但在事业上获得成功的人却不是很多。那是因为很多人都不能积极地运用大脑去思考。与此相反，如果你能在日常的生活与工作中养成积极思考的习惯，你会发现人生的出路很多，成功绝对不是梦想。

寻找解决问题的最优思路并非易事，它需要人不断动脑筋，不断创新，同时也可以借鉴和模仿成功者的经验。下面一些寻求最优思路的途径可供借鉴：

第一，换成简单的语言。

错综复杂的问题都可以分解成简单的问题或语言。

例如，总销售量是25873892美元，成本是14263128美元。

如果科长问成本占销售量的百分之几，就可以用简单方式表示，即把销售量看成是25，把成本看成是14，14：25。这样就可推测出成本约占销售量的55%。无论什么问题，只要把它简单化就容易找到解决的思路。

第二，把别人的终点当作自己的起点。

博古通今、多才多艺的里欧纳尔德·文奇说："不能青出于蓝的弟子，不算是好弟子。"一位年轻优秀的科学家皮耶·艾维迪也说："比起史坦因莱兹等科学界的巨人，我们只能算是小人物。但踏在巨人肩上的小人物，却能比巨人看得更远。"皮耶在钻研新课题时，常应用这句话，他把与研究题目有关的资料收集到手，然后加以阅读和研讨。

第三，学习别人的做法。

比如要推出新式录音机，该怎么做？假如本身缺乏这方面的经验，若完全靠自己的构思，不仅浪费时间，还会出错。经营录音机的公司总有好几家，是消息的最好来源。但不能依样画葫芦，而是要利用先进的既有经验来帮助自己的构思。不论面临什么问题，都要看看人家是怎么解决问题的，然后再加以改善。

第四，使用淘汰法。

有时因为解决问题的思路过多，反而不知如何取舍。可以采取淘汰法，把不好的逐一去掉。

例如跳舞比赛，如果想从舞者中一次选出优胜者是很困难的，因此便采取淘汰法。每次评审一组，有缺点就退场，这样陆续淘汰直至两组，最后剩下优胜的一组。当你要从几个东西中选出最喜欢的时候，把不喜欢的逐一淘汰，事情就变得容易了。

第五，向别人说明。

能否提出更新更好的解决思路，这与了解问题的程度有关。为了验证自己的想法，最好将计划向第三者提出。

纽约某石油公司的老板常常把太太当做练习讲演的对象。这位太太对石油所知不多，却能耐着性子聆听，结果她对丈夫帮助不小。这位经营者在把想法用语言表现出来后，可以发现其中的缺陷。

从成功的角度来讲，两点之间的最短距离并不一定是直线，而可能是一条障碍最小的曲线。

我们必须养成寻找思路而不惧怕困难的习惯，并且力争做到最好。

永远不做空想家

空想家，顾名思义，什么事就是想一想，换句话说，做事畏手畏脚。这样怎么会成功？有了项目、有了想法就要付诸行动，在精英观念里，财富，要靠自己积极主动地争取，而不该坐失良机。财富，从来不属于空想家。空想的时间越长，浪费的时间越多，生命在这样漫无目的的想象中也流逝得越快。好的创业者需要有梦想、有理想，而不是空想。要想创造财富，就要付诸切实的行动，针对自己的想法做出有针对性的计划，考虑到计划实施的各个方面，分析可能存在的问题并设计解决方案，还要有必要的应急方案，适时调整以获得良好展开。

纽伯格是美国共同基金之父，唯一一个在华尔街经历了1929年大萧条和1987年股市崩溃的人。他不仅两次都免遭损失，而且在大灾中取得了骄人成绩。纽伯格有段话说：回过头来看看那些成功的投资者，很明显，他们各不相同，甚至相互矛盾，但他们的路都通向成功。你可以学习成功投资者的经验，但不要盲目追随他们。因为你的个性、你的需要与别人不同。你可以从成功和失败中吸取经验和教训，从中选择适合你本身、适合周围环境的东西。但是有一点你必须清楚——付诸行动。不管是成功还是失败，你都必须付诸行动才能知道这样的方法是否可行，这样的投资是否合理。空想从来不会带来你想要的财富，也不会增长你的智慧。好的智慧是在实践过程中获得并积累起来的，通过具体的实践你才能够更好地把握行情，更合理地做出自己下一步的投资计划。下面几段话是纽伯格对自己投资原则的一部分总结：

我认为我本身的素质适合在华尔街工作。当我还是奥特曼的买家时，我把所有的股票转换成现金，又把现金转换成股票。对我来讲，交易更多出于本能、天分和当机立断。沉着的意思是根据具体实际情况做出审慎的判断。如果你事先准备工作做得好，当机立断是不成问题的。

如果你觉得错了，赶快退出来，股市不像房地产那样需要很长时间办理手续才能改正。你是随时可以从中逃出来的。

你应该对你做的事情感兴趣。最初我对这个市场感兴趣，不是为了钱，而是因为我不想输，我想赢。

机遇来临时，就要当机立断，有好的项目就要及时出击，要有勇气，有魄力，机会失而复得的时候很少，看准了机会就要及时下手，不管面临怎样的压力，也不能改变自己赚钱的战略。很多渴望创业的年轻人，同样要面对来自家庭、工作方面的压力。社会在各方面告诉他们创业很艰难，一些人在困难面前就放弃了投资的计划，在毕业两三年的时间里，靠着父母的积蓄和自己攒下的一些工资，当了房奴、车奴、孩奴，再想投资的话就很难。没有资本，而且面临的压力更大，当一个人再也输不起的时候就没有办法去投资了。所以，拒绝空想，拒绝拖延，时机从来不等人。

在2007年美国500强企业CEO薪酬排行榜上，甲骨文CEO埃里森以1.93亿美元的总薪酬占据榜首，在《福布斯》公布的全美最富有的400名富豪榜上排名第三，总资产270亿美元，成为硅谷首富。在回顾自己的创业历程时，他这样说：

"软件公司的经营不需要大量的资金，用点小钱就可以创业。所有伟大的软件公司都是这样的，也许不是所有的，但Microsoft和我们是的。我们比Microsoft资金更少，甚至一无所有。

就是在这样的资金状况下，我们开始经营公司，刚开始我们的规模很小，只有四五个程序员。事实证明，我们成功了，我们打败了很多大公司，成了这一行的领袖。"

在埃里森打算成立公司时，另外两个传奇式的公司也在这个时候诞生了，一个是苹果，一个是微软。虽然公司产品、文化完全不同，但却有着同样成功的模式：创立者都是一个有梦想精神的技术企业家和技术天才。

比尔·盖茨有句名言：不要让这个世界的复杂性阻碍你的前进，要成为一个行动主义者。他的行动实现了"把世界引向未来时速之路"的宏大梦想。

成功者的经历告诉我们：空想家和领袖的差别，在于领袖能将宏大的愿景转化为切实可行的行动方案，从而在这个切实可行方案的指导下创造财富。有了目标，下一步就是行动，整合资源，利用自己可以调动的一切资源来实施计划。要组建自己的团队，寻找合作伙伴和商业搭档。新兴企业在最初的发展过程中会遭遇各种困难，有一个比较完备的体系相对来说会好很多。打点好各方关系，寻求具有协调利益的合作伙伴来组成一个比较稳固的群体就能更好地发展。这也是具体的实施计划。

托马斯·弗里德曼在《世界是平的》这本书中，以新闻记者的眼光讲述了世界在逐渐变得平坦的趋势，也即经济全球化的发展潮流。在一个平坦的世界里，各种资源的利用和有效整合会更迅速。外包的产生，发展中国家日益深入到全球化国际合作业务中，越来越多的有效资源可以被利用。所以，要放宽视野，了解世界的大趋势，不要将眼光局限在小范围内，更不能只是在自己脑子里想当然地认为世界怎么样了，封闭地构思自己的创业计划，不结合市场和大的发展趋势，就无法具备可行性。平坦世界里财富的产生和流动更加迅速，也有更多机会接触到普通人，从而成就大众创富的梦想。这就要你做好准备，积极投入到这一发展趋势中。

甩掉"金科玉律"的束缚

我们从小就被教导不能做这，不能做那，久而久之就形成了一种固定的观念。这些观念成为了我们行走人生的"金科玉律"，它们让我们少受挫折的同时，也常常阻碍着我们去开拓新的人生格局。这些观念禁锢着我们的大脑，销蚀着我们的潜能。因此，要改变命运，我们就得先从改变观念开始。

大家都记得这句金科玉律："想要别人怎样对待你，就先怎样对待别人。"这可能是一句大家从小就学到且会拿来教导孩子的至理名言。

遗憾的是，若把这句名言应用到组织问题上，问题可就大了。

这句金科玉律的假定是，你喜欢受到的对待方式会跟其他人喜欢受到的对待方式一样，这就是"先怎样对待别人"的立论。把这种观点应用在解决组织问题时，就等于是说在协调冲突、决策和搜集信息上，你会跟大家的看法一致。

很多人把这句名言当成个人生活的策略。我们也这样处理周遭发生的事。

但把这句名言当成策略，很可能会陷入本位主义的泥潭。因为这句名言假定，自己的看法就是他人的看法。因此，自己所想的，就是适当、正确的。如果你就是在这种金科玉律教导下长大的，难免会养成这种思考逻辑。不过，如果你以不同的观点思考，就能开启许多前所未有的成功机会。

我们被自己对世界的偏见所蒙蔽，看不到个人见解的可笑和荒谬。这种狭隘的观念，直接影响了我们在处理变革引发的差异时，采取的决策和行动。

如果你认为所有看待事情的观点是绝对相同的，那在处理变革差异的冲突及协商决策时，会相当危险。尤其在一意孤行地盲从自己的观点，不考虑他人时，情况便会更危险。

要真正有效处理变革所引起的差异，就得具备求同存异的能力，适时从别人的观点和立场来看事情。要这么做就必须把先前的金科玉律改变一下，换成新版的：以别人想被对待的方式对待他们。其实，只要观念上稍微调整一下，变革的成效就有天壤之别。

那么，变革最重要的就是：思路突破，挣脱世俗，自己的思路自己做主。

在我们生活的世界中，存在着各种各样的"应该""必须"等条条框框，它们编织了一个很大的误区，将现实生活中的人们网罗其中，而我们很多人往往习以为常、不假思索地照"章"行事。

我们每个人都生活在一个社会群体中，因此，我们不可能是一个完全孤立的个体，我们的思想和行为可能时时受到世俗的约束与制约。对于这些规则和方针，你也许不以为然，但同时又无法摆脱束缚，无法确定自己应该遵循哪些适用的规则和方针。

任何事物都不是绝对的。任何规则或法律都不能保证在各种场合均能适用，或取得最佳效果。相比之下，具体情况具体分析的原则应成为我们生活和行事的准则。然而，你可能会发现，违反一条不适用的规定或打破一种荒谬的传统却很困难，甚至不可能。顺应社会潮流有时的确不失为一种生存的手段，然而如果走向极端，这也会成为一种神经过敏症。在某些情况下，按条条框框办事甚至会使你情绪低落、忧心忡忡。

林肯曾经说过："我从来不为自己确定永远适用的政策。我只是在每一具体时刻争取做最合乎情理的事情。"他没有使自己成为某项具体政策的奴隶，即使对于普遍性政策，他也并不强求在各种情况下都加以实施。

如果一种规定或规矩妨碍着人们的精神健康，阻碍着人们去积极生活，它就是不健康的。如果你知道这种规矩是消极而令人讨厌的，而你又一直遵守，那你就陷入了人生的另一种误区——你放弃了自我选择的自由，让外界因素控制了自己。生活中有两种类型的人，即外界控制型与内在控制型。认真分析一下自己属于哪种类型，这将有助于你进一步审视自己生活中的大量误区性条条框框。

杰克是一位公司员工，他经常与妻子在家争吵，以至于发生婚姻危机。后来，他找到一位心理咨询专家，听了杰克的诉说后，专家给他提出了一条建议："不要总是试图向你妻子表明她错了，你不妨只同她讨论而不去辩明谁对谁错。只要你不再强求她接受你的意见，你也就不会烦恼，不会为证实自己的正确而无休止地争吵了。"后来，杰克试着做了，果然很奏效。一旦遇到相反的观点和看法，他不再与妻子争论不休，要么与之讨论，要么回避不谈。一段时间以后，夫妻关系明显得到了改善。

其实，各种是非观念都代表着一种"应该"的框框。这些条条框框会妨碍你，当你的条条框框与他人发生冲突时，尤其如此。在我们的生活中不乏一些优柔寡断之人，他们无论大事还是小事都难以做出决定。究其原因，人们之所以优柔寡断，是因为他们总希望做出正确的选择，他们以为通过推迟选择便可以避免犯错误，从而避免忧虑。有一位患者去求助心理医生，当医生问他是否很难做出决定，他回答道："嗯……这很难说。"

你或许觉得自己在很多事情上也难以做出决定，甚至在小事上也是如此，这是习惯于以是非标准衡量事物的直接后果。如果当你要做出某些决定时，能抛开一些僵化的是非观念，而不顾忌什么是是非非，你将轻而易举地做出自己的决定。如果你在报考大学时竭力要做出正确的选择，则很可能不知所措，即使做出决定后，也还会担心自己的选择可能是错误的。

因此，你可以这样改变自己的思维方法：所谓最好、最合适的大学是不存在的，每一所大学都有其利与弊。这种选择谈不上对与错，仅仅是各有不同而已。

衡量是否更适合生活的标准并不在于能否做出正确的选择。你在做出选择之后，控制情感的能力则更为明确地反映出自我抑制能力，因为一种所谓正确的标准包含着我们前面谈到的"条条框框"，而你应当努力打破这些条条框框。这里提出的新的思维方法将在两个方面对你有所帮助：一方面，你将完全摆脱那些毫无意义的"应该"标准；另一方面，在消除了是非观念误区之后，你便能够更加果断地做出各种决定。

生活是不断变化的，观念也要不断地更新。无数的事实告诉我们，成功的喜悦总是属于那些思路常新、不落俗套的人。因此，想别人所不敢想，做别人所不敢做，往往会为我们创造意想不到的机遇。

第三章

出位：打破规则
才能崛起

　　古希腊哲学家泰勒斯一天晚上掉进了坑里，被人狼狈地救起的时候还在满嘴说："今夜满天星斗，我观天象明日必有雨。"被人当做笑话流传，泰勒斯因此被称为"现实不管怎样，我只关心天空"的人。

不要按照别人的规则玩

　　现在年轻人有自己的世界观，什么事都要问一句：为什么？凭什么？所以我们也要对墨守成规的现象大声说"不"！我不要按照别人的规则玩江湖，我要走自己的路，更要学会独立思考，一些先入为主的思想和观点要被抛弃。简单的说，不能让那些一直以来自称正确的观点和思想影响我们对事实的判断力。有的时候，我们需要重新启蒙。人都有惰性和依赖性，所以从小到大，我们依赖课本上已经教过的知识，依赖前辈们传下来的经验，但是正是这些懒惰和依赖，扼杀了创造性思维和独立思考的能力。

　　最先要做的一件事情就是打破传统的旧观念，对那些存在于我们脑海中的权威观点要敢于质疑，甚至教科书上的一些问题我们要敢于查证，举一个例子，小学的语文课本上把"知晓"错写成了"只晓"，很多同学直到高考的时候还是认为"只晓"是正确的，结果高考的时候错失一分。这样的例子有很多，盲目地顺从前人的经验和结论，对于我们来说并不是一件好事。总结经验教训少走弯路固然好，但是要有寻根问底的精神，学会独立思考。

　　哈佛大学从来不会要求学生盲从一些前人得出的实验结论，他们问自己的学生，结果是这样吗？你们亲手试过、亲眼见过吗？甚至在很多时候，教授还会告诉学生一个错误的结论。哈佛要证明教育的真正意义是引导思考，而并非填鸭式的灌输。独立思考的能力还能够帮助人变聪明，

"学而不思则罔，思而不学则殆。"学习与思考是相辅相成的。把问题搞得明明白白，清清楚楚，在学术上，我们能够获新的奥义，在事业上，能够独辟蹊径，把市场看得通透，不被经验所蒙蔽。

古希腊哲学家泰勒斯一天晚上掉进了坑里，被人狼狈地救起的时候还在满嘴说："今夜满天星斗，我观天象明日必有雨。"被人当做笑话流传，泰勒斯因此被称为"现实不管怎样，我只关心天空"的人。

这个故事还有一个后续，那就是两千多年后，一位哲学家黑格尔就"仰望天空"一事为泰勒斯正名："不会仰望天空的人是因为他们永远待在坑里，不知道如何走出去。"恰恰说明在仰望天空的时候，人类的思绪不会被眼前的一尺三寸所困，思维在独立地运行。看见星空的浩瀚才体会到人类的渺小，对大自然产生敬畏之心，不会认为前人理解的都是理所应当的正确，这就是独立思考的能力，有足够的勇气追求自己的理想。

独立思考的路径不同，但是却有几个共同的特质：

1.读书破万卷

是什么让我们能够时刻保持清醒的头脑？是什么帮助我们为正确的决策奠定扎实的基础？是知识。读书的重要性在于知识的积累和经验的学习。不断地加强学习，保持谦虚的态度，知识越丰富，求知欲越强。知识积累有一个过程：学习知识、运用知识、质疑知识、亲手实验、得出结论、创造知识。前面两条我们都会做，我们所缺乏的就是质疑的精神，也就是独立思考的能力。读书不仅仅在于满足求知欲，还在于能够得出结论和创造知识，这是社会进步的需求。

2.倾听的魅力

倾听是了解事实真相的一种方法。事实了然于胸，才能对未来的事情做出正确的判断。不要急于表达自己的观点，先听听别人是怎么说的，等到自己的结论足够推翻别人的理论再开口也不迟，否则被别人用事实扳倒的将是自己的结论。倾听反映的是求实的作风，多了解别人的想法，这也是一种提高自己的捷径。

3.沟通交流

思维和思维碰撞的时候会产生智慧的火花，这句话一直被哈佛人视为真理。彼此的交流沟通可弥补一个人思维的不足之处，获得新的信息。有人说，交换彼此手中的苹果，我们获得的依然是一个苹果，但是如果是思想，那么我们获得的是双份的智慧。这就是交流沟通最直接的意义。

独立思考的意义就在于获得新的理论，另辟蹊径，这就是直观的利益。相互交流能够启发我们，带来独立思考的灵感。

4.发问

一个人知道的知识有限，但是"一群小士兵，打败拿破仑"，这句流传在西方的谚语恰恰说明了人多力量大的道理。即使是同一个班级，大家学习着同样的知识，但是慢慢的就会发现，一个班级中的孩子呈现出明显的差异，有的孩子有了自己独立的思考，他的问题也比较多，他学到的知识也比别人都多。多问别人，从对方的回答当中获取你想要的信息，这就是发问的力量。开阔自己的眼界，正确的决策源于正确的分析判断，正确的分析判断究其根源是对客观事物的正确认识。如果一开始的认识就是错误的，自然更谈不上英明决断了。在平时，遇到问题要主动发问，不要盲从或者是轻易地附和别人的答案，要亲手去做，亲手实验得出结论。

5.思考

遇到事情的时候，大多数人的脑袋当中一团乱麻，一开始的茫然过去之后，冷静下来的头脑就在思考事情的原因和解决办法。不要小瞧自己的智慧，我们的思维足够帮助我们解决目前的困难，茫然无措的原因是受情绪的左右。在这里，不要让自己依赖别人的心理占上风。举个例子来说：

安妮自己在家玩的时候，被小刀割伤了手指。安妮看着流血的手指很好奇，她不明白这些液体是从哪里来的，她认为自己从来没有把红色的汽水喝进肚子里，为什么会疼痛和流血呢？安妮想，我是不是应该把手指包起来，上次看见妈妈就是这么做的。

正在安妮包扎的时候，爸爸回来了，安妮看见爸爸，马上显得不知所措，疼痛让她大哭起来。爸爸心疼地跑过来替安妮包扎伤口，方法其实与安妮是一模一样的。

分析以上的例子我们就会发现，当安妮独立思考的时候，她做的事情是正确的，不但思考了，还会探求根源，想要了解个彻底，去思考血液和疼痛从何而来。但是爸爸来了之后，安妮开始依靠爸爸，忘了独立思考，忘了其实她自己也可以解决困难。

在独立思考的同时也要学会控制思维，让大脑稍作休息，一旦感觉自己陷入了思维的困境，就马上给脑子断电，走一走，喝点水，跟别人聊聊天，缓和大脑的紧张程度，恢复思考的能力。

精明的人从来不会人云亦云，因为他们懂得真正的智慧其实是个人的思想结晶，学习只能为自己打基础，最重要的成果是由自己的智慧创造出来的。智商高的人不仅仅是反应能力比别人强，他们悟到的新智慧也占有重要地位，并直接影响着他们的决策。

爱因斯坦说过："学会独立思考和独立判断比获得知识更重要。不下决心培养思考习惯的人，便失去了生活的最大乐趣。发展独立思考和独立判断的一般能力，应当始终放在首位，而不应当把获得专业知识放在首位。"独立思考是我们一切思维的基础，它甚至比知识本身更重要。

企业家的精神理念

一个人只要肯深入到事物表面以下去探索，哪怕他自己也许看得不对，却为旁人扫清了道路，甚至能使他的错误也终于为真理的事业服务。

——博克

比尔·盖茨凭借他对IT行业的完美前瞻，不顾众人反对，放弃了哈佛的学业；巴菲特对"耐心等待"深信不疑，凭借这样的理念，他的财富一点点积累，2008年，他的财富超过比尔·盖茨，成为世界首富……在人生规划的路途上，每个人都要有企业家式的理念，人生的每一分钟才不会被浪费。这是麻省理工学院每一堂课都会传输给学生的观念。

比尔·盖茨的故事告诉我们时机的重要性，生活中的很多机会总是和我们擦肩而过，每个人都要记住一点：机不可失，时不再来。

抓住时机和摄影按下快门很相像。就是这里！这一决定性的时刻万万不能错过。先要具有强烈的愿望："自己打算拍摄些什么，想要什么？"同时还要认真观察被拍摄的对象，预测、分析状况的可能变化。当然了，假如没有快速按下快门的技术，肯定不能拍成照片。

如果我们在日常生活和工作中观察一下，就会发现抓住时机并不需要十分特殊的际遇。时机，人人都想抓住。到底要怎么做，才能恰好抓住时机呢？抓住准确时机、获胜时机，取得好成绩的秘诀在什么地方呢？

我们一起来观察一下那些抓住时机、取得成功的人们，发现他们有一个相同的地方，他们紧紧地抱有这样的观念：到底什么是最重要的呢？自己究竟想要成为怎样的人？自己想要怎样去做？自己的竞争对手到底会怎样呢？这些成功人士往往在思考诸如愿景、目标等问题的同时，还仔细地分析环境和对手的状况、心态情绪的改变，分析判断"现在不采取行动的话，会怎么样"？然后作出决定，就是此时此刻，他们往往具备抓住时机、采取行动的魄力和决策力。

必须要清楚地认识到"对自己来说，到底什么是最重要的？""自己到底想要什么？想要怎样去做？"没有这样的价值观和愿望的话，就根本没办法抓准时机。价值观和愿望是抓住时机的两大关键。要做到抓准时机再行动，就必须具有这样的决心："我想要做这件事，想要达到这样的状态。"总之，就是"并非能不能做到，而是是否想做到"。

"现在的时机"就相当于"今时今日"，这种时机没有准确的答案。最好时机就是此时、此地、此种情况，由于对手的改变而有所改变。要抓准时机最关键的是，要仔细分析自己和其他人的倾向、变化。所谓的"倾向"不仅仅是指自己周围的态势、环境、对方的未来行动，还包括观察、感受和想象对方的情绪心理活动、变化（如喜、怒、哀、乐），自身的未来计划和对方的未来计划，自己的心绪和对方的心情变化等。

譬如，一个杰出的销售人员，总是在下意识却又认真地观察顾客的动向，客户想要咨询什么，客户在考虑什么，从而感受客户的目的，抓住最好时机插入话题。

在这里讲一个和时机有关的小故事，大家一定会对时机的重要性有更深刻的感受：

一个牧师，生活在一个偏远的小镇上。他认认真真地从事着自己的牧师工作，为刚出生的孩子洗礼，为年轻人主持婚礼，为去世的人主持丧礼。日复一日，年复一年，不辞劳苦。

就这样三十年过去了。

这一年的夏天，下起了大雨，连绵不停。镇子上的积水没处排泄，最后要淹没房屋，居民大多移居他处，牧师却坚持不走，他坚信着上帝。雨下得越来越大，水越来越多。逼不得已，牧师来到了教堂的屋顶。正在这时，有人撑来一条船，上面的人大声对牧师喊："敬爱的牧师，让我载你离开吧，这个地方一会儿就会淹没了。"牧师回答道："我不走，我是上帝的仆人，一生忠诚地履行上帝赐予我的工作，上帝绝对不会让我死的，你们离开吧。"撑船的人没办法，只好离去。一天之后，又有人撑船来到这里要带牧师走，牧师坚持着自己的信念，以相同的回答支走了救援的人。三天过后，水超过了屋顶，牧师只好来到了教堂的塔尖。这时，飞来了一架飞机，机上的人向牧师喊道："牧师，我是来帮助您的。我把梯子放下来，你用上面的绳子拴住自己的腰，我带你远离险境。"牧师大喊："不！用不着你来救我，我为上帝奉献了一生，他不会就这样让我死去的，雨立马就会停，水也会迅速退去，我坚信我能活下去。"直升机上的人无奈，只好飞走了。又过了一天，牧师溺死了。

他来到了天堂，看到了上帝。上帝看见牧师很是奇怪："怎么会是你？你怎么可能会死呢？"牧师有些生气地说："很稀奇吗？我为您做了一生的事情，从无二心，你却不施舍给我生机，让水把我给淹死了。"上帝瞪大了眼睛："怎么可能呢？我如何会不给你机会，你难道不知道，我给你送去了两只船和一架飞机……"

有时候，机会就呈现在我们面前，就看你是不是能抓住他。机不可失，时不再来。相同的机会不会一再地向你招手。牧师的惨痛经历告诉我们，心中坚持的信念或许就是从眼前闪过的那一次机会，我们唯一要做的就是牢牢地抓住它。

巴菲特的经商理念是积累和等待，机会总是眷顾那些有准备的人。做好自己的本职工作，剩下的就是默默等待，机会和幸运总会到来。

18世纪，大部分印刷厂是手工小作坊。作坊主也相当于印刷工。当时一个叫安德鲁的人，手里有一份让所有人眼红的合同——他承担了所有印制宾夕法尼亚州政府文案和宣传品的活儿。尽管安德鲁的印刷厂秩序混乱，印刷品质量很差，但因为有了合同，他感觉没什么需要担心的。

有一次，一位宾州政府官员想要在大会上演讲，要宣读一篇非常重要的致辞，要求安德鲁为他印制发言稿。安德鲁又和以前一样，把文件随随便便地排版，马虎地印刷出来。

另外一名年轻的印刷商，观察到安德鲁的弱点，看到他一直寻找的机会来了。年轻人找来官员讲话的原稿，尽心地把版式设计得优美大方，又认真地依照原稿一遍遍校对印刷品上的字。接着他把自己制作的内容精确、样式美观的致辞，送到每一个政府官员手里，同时加上自己对官员致辞的看法。他还给每位参与会议的人也发了一份，并在致辞后面加上一段话，谢谢他们对宾州的关心。

可想而知，第二年政府就和这位年轻人订立了印刷合同。这个人是富兰克林。再往后的故事尽人皆知：年轻人凭借自己的努力，开始从印刷工成长为作家、物理学家、外交家、发明家和音乐家，并参加起草了《独立宣言》。但他离世后，墓碑上只简要刻着"富兰克林，印刷工人"几个字。

假如说成功的确有什么偶然性的话，那些偶然的机会也只会眷顾有准备的人。世界上最无用的一句话就是："以前有一个非常好的时机，但是我没有抓住。"不得不说的是,这种事情在很多人身上都有过。事实上,机会对我们每个人都是平等的,它会在不确定的时间降临在我们所有人的身上,但前提是:在它来到之前,你千万要做好准备。

布鲁斯与一些朋友准备去加拿大旅游,在购买钓鱼工具的时候,他坚决要买一根重型的钓鱼竿和线轴。当朋友看见他的新钓具时,跟他开玩笑:"你想要捉一条鲸鱼吗?"

布鲁斯毫不理会这些听起来打击他信心的话。

钓鱼时,有一个人的鱼线经不起一条大鱼的折腾,断了。那人只能无奈地看着大鱼从自己的眼皮底下逃走了,这时候的他才开始懊恼没有准备重一些的钓具。之后,布鲁斯的线突然被拉紧了,是一条大鱼!30分钟以后,他把那条鱼拖上了船,一条32磅重的大鱼!此时,人们看向他的目光充满了异样,因为布鲁斯教会他们一个道理:假如你想钓一条大鱼的话,那你就必须先要准备好钓大鱼的工具。

时机对于有准备的人来说,是通往成功的捷径;对于缺少准备的人来说,却是一颗裹着糖衣的毒药,在你还沉溺在获得机会的兴奋之中时,它却会在瞬间让你大失所望。

麻省理工学院的人生规划课总是能给学生们留下深刻的印象,无论是比尔·盖茨的"时机论",还是巴菲特的"准备论",他们都选择了适合自己的发展方式和企业理念,于是,这堂课最想传达给学生们的思想也就呼之欲出了,那就是:坚持正确的,你就能获得最好的。

出风头，到底好不好

要是你无法避免，那你的职责就是忍受。如果你命运里注定需要忍受，那么说自己不能忍受就是犯傻。

——柏拉图

在耶鲁大学，所有人都知道真正聪明的人往往会对自己的成就轻描淡写，永远秉持着谦虚、谨慎、不张狂的态度；唯有愚蠢的人才会大肆张扬，哗众取宠，结果只会让别人离他越来越远。在我们的周围，不难发现这样一些人，他们过于沉迷于做"出头鸟"的感觉，一味张扬，表现自我，却浑然不觉在别人眼中他的行为是多么幼稚。虽然他们引起了他人的注意，可惜这种注意带来的只是负面看法和评价，只会让他人反感、厌恶。

俗话说得好，"枪打出头鸟""木秀于林，风必摧之"。以卖弄、炫耀为目的的行为只会走向一种过度自我的极端，最终招致恶果。"烦恼皆由强出头"，这个"强"，一方面指的是"勉强"，也就是说在自己的能力还不够、羽翼尚未丰满的时候，就勉强去做自己力所不能及的事情，如此一来成功的可能性就非常低，一旦失败了，不但会暴露自己的目的和野心，还会招来嘲笑和白眼。另一方面是指就算你的能力已经很强，可是外部环境和条件尚未成熟，此时"大势"不合，机会还没有到来，如果此时强出头，很可能会遭到别人的排挤和打压。

因此，为了自己的生存和利益着想，最好能够秉持中庸大气的处世之道，不走极端的路线，着力积蓄自己的力量，厚积薄发，取得最后的成功。

约翰是一家报社的记者，工作能力很强，文笔也不错。他策划的选题往往反响不错，为此，报社有什么重大选题都交给他负责，约翰也从不推辞，认为能者应该多劳。刚开始一两次也没什么，可是次数多了，同事就有些不满了，认为他为人太嚣张，重要的选题总是自己霸占，从不给别人一点表现的机会。渐渐地，约翰被同事们疏远了。但是，约翰依然不以为然，他觉得一个有能力的人，就应该努力表现自己，显得自己与众不同。

有一次，报社要选出一位新领导，决定采用民主选举的方法，让所有员工投票。约翰当时非常有信心，认为自己必定会当选，因为他认为自己是这一批同事中最优秀的。然而，让他想不到的是，所有员工中竟然没有一个人选他，最后他落选了。

更惨的是，新上任领导因为之前和约翰之间的矛盾，以及属下所有人对约翰的疏远，便再没有把重点选题交给他负责，只让他负责一些鸡毛蒜皮的小事。

约翰最后从失落到失望，不得不辞职离开了报社。

一个人锋芒毕露，会容易遭到别人的嫉妒和攻击，受到伤害。要知道，这世界并不是只有黑和白，大多数人都是处于中间的灰色地带，如果不能顾及到他人的利益、情感和自尊，就必然会招致他人的不满，成为被众人打击的"出头鸟"。

《易经》有云："君子藏器于身，待时而动。"其实最难的是那些无此器的人，有此器便不怕没有出头之日，重要的是要等待时机。

锋芒对我们而言，就好比额头上长出的角，在你不管不顾地在众人中间横冲直闯的时候，必然会伤及他人，如果你不去想办法磨平自己的角，时间久了别人为了避免被伤害，也必将去折你的角，到时候对你的伤害就会很大。

当然，你也许会说，如果不表现，不"出头"，岂不是永远没有出头之日了吗？所谓"藏器于身，待时而动"就是要等待时机，只要一有表现自己才能的机会，就要把握住这个机会，并做出成绩来，让人知道你，认可你，赞赏你。这种表现的机会不怕没有，只怕把握不住，做出的成绩不能令人特别满意。故而，你如果已经具有真实的本领的话，就要留意表现的机会，如果还没有真实的本领，就要赶快准备，积蓄力量，以便一击即中。

提起萧何，很多人首先想到的多是他月下追韩信的知人爱才，以及苦心经营关中运筹帷幄的事迹。事实上，他的大智慧更表现在不出头、不显锋芒、明哲保身上。

刘邦是一个知人善用的皇帝，更是一个疑心很重、杀心很盛的皇帝，像曾经的功臣韩信、黥布、彭越等后来都被一一除去。所谓伴君如伴虎，为这样一个主子服务，就如同头上悬着一把利剑，并不是一件轻松愉悦的事情。相信"飞鸟尽，良弓藏；狡兔死，走狗烹"的道理，包括萧何在内的所有功臣应该都懂得，可是这时候的官僚体制已不像春秋战国时那样宽松，不仅组织严密，而且具有了血腥化的特点，就是辞官归隐也要看皇上的心情，否则治你一个"大不敬"的罪名，也是要掉脑袋的。

而萧何在这样的环境中，不仅勤奋、恭谨地辅佐刘邦，而且长袖善舞地周旋于皇上与臣下之间，颇为不易。有一年，刘邦带兵和项羽激战，萧何独守关中，"侍太子，治栎阳。为令约束，立宗庙、社稷、宫室、县邑，辄奏，上可许以从事；即不及奏，辄以便宜施行，上来以闻。"就是说，萧何在关中可以"便宜"处理一切事务。当时，刘邦数次兵败逃回关中，都是萧何整顿兵马粮草，让刘邦有本钱屡败屡战。第二年，刘邦在前线数次派回使者慰问萧何，对坐镇大后方的萧何有了疑虑之心。

有谋士向萧何建议："今王暴衣露盖，数劳苦君者，有疑君心。为君计，莫若遣君子孙昆弟能胜兵者悉诣军所，上益信君。"萧何采纳建议，把自己的宗室子弟十多人派到前线刘邦麾下效命，刘邦十分高兴。灭楚以后，论功时刘邦认为萧何功最大，先封为酂侯，食邑八千户。众人都有疑虑：萧何从未带兵打过一次仗，没有什么汗马之劳，为什么功居第一？

当时刘邦却非常信任和支持萧何，说了一番历史上很有名的"功狗功人"的话："夫猎，追杀兽者狗也，而发纵指示兽处者人也。今诸君徒能走得兽耳，功狗也；至如萧何，发纵指示，功人也。且诸君独以身从我，多者三两人；萧何举宗数十人皆随我，功不可忘也！"可见，萧何的自保手段是多么明智。

生活中，喜欢出头的人大有人在，想想他们的结局，似乎向萧何学习埋头的智慧才更明智。任何事情的存在都有其道理，不要小看他人，不要认为所有人都不如你，人一定要学会适应社会，不能够改变时，就要学会埋头做事，保护好自己。

现实中，大多数人都有嫉妒心。因此，即使你比别人能力强，也要学会在比自己弱的人面前示弱，这样可以使他们保持心态平衡，有利于你的人际交往。如何选择示弱的内容在社交中也是非常重要的。当你想在地位比自己低的人面前示弱时，可以适时展示一下自己的奋斗过程，将自己的奋斗过程平常化，向他们表明自己其实是个平凡的人；在没有成功的人面前，可以多说自己失败的经历，以及成功后现实中存在的烦恼，给他人一种成功不是那么容易的感觉；对收入不如自己的人，可以分析对方的消费优势，适当诉说自己的苦衷，例如健康欠佳，需要为子女学业负责，以及工作中的诸多困难等，让对方感到家家都有一本难念的经，还可以帮对方找出他的优势，如不用为子女担心，妻子勤俭持家等；如果你在某一专业有一技之长，就可以宣称自己对其他领域一窍不通，坦露自己日常生活中如何闹过笑话、受过窘等。

另外，在示弱时，不要泛泛而谈，要有实际的行动。既然你在事业上已处于有利地位，获得了一定的成功，就不要在一些小名小利上再和别人过不去了，要看重实际利益，不要太在意那些虚名，即使有条件和别人竞争，也要向对方示弱，尽量回避。在小名小利上淡泊些，给别人留条生路，同时也给自己留一条退路，因为你的成功已经成了某些人嫉妒的目标，不可以再为一点微名小利而惹火烧身，应当学会向别人"示弱"，让路给那些暂时处于弱势中的人。

懂得示弱、低头的人才能获得强者的垂怜，懂得示弱、适时低头的人才会成为更强的人。韩信尚有胯下之辱，康熙也有十年隐忍，我们更应该学会低头，并将其作为自己生存的利器。

有些人觉得，出位就是要出风头，而太多的例子告诉我们，生活和工作中，一定要懂得谦虚，锋芒太露就会遭到别人的嫉妒和猜忌。要学会将自己伪装起来，使人们在想到你时就与某种特定的形象联系在一起，而忘记了你的真实实力。因为人们总是习惯于同情弱者，却嫉妒和警惕比自己强的人。我们应该学会适时示弱，向别人暴露自己的一些小缺点，闹点幽默笑话，这样可以增强自己的亲和力，使别人的心理更容易平衡。

永远都要走在别人前边

上文讨论了一下到底要不要出风头。这里的出风头和永远走在别人的前边绝对是两个概念。走在别人的前边是把自己的所有计划都打出一个提前量，以免事到临头手忙脚乱。现实要求我们有多少力气都要用出来，是千里马就要放开了跑，相信自我，表现自我，成就自我。

玛亚是位行政助理，公司里大小事情都被她打理得井井有条，人人都称赞她"和蔼可亲""责任感十足"，主管也常说："没有了她，我真不知怎样做事。"主管另有高就，玛亚一心以为主管这个空缺非己莫属了。可是，两个星期匆匆过去了，一点动静也没有，玛亚心焦如焚，忙向其他同事打听，得到的消息是：公司已聘用一位新同事出任主管职位，而此人还在一家较小规模的公司里工作，学历也不比她高。玛亚十分不满，怎么老板会漠视自己的存在？真正原因是什么呢？

无论上司、下属、任何人有所求，玛亚都不会拒绝，小至借用会议室，大至超时工作，玛亚总肯迁就别人，除了获得"平易近人"的美誉外，同时被视为"无性格"。还有，玛亚连鸡毛蒜皮之事也插手以及从来不会逆上司旨意，亦给人"欠侵略性"之感。一般而言，老板在找一个具开拓性和魄力十足的主管时，必然不会考虑这等"平庸"之辈。

机会需要个人去把握，更需要我们主动去创造。

从事多角化经营、旗下拥有数个子公司的美国主要建设公司副经理路易斯·休特，把创造机会诠释为"替自己的才华安装聚光灯"。

他认为人应该在让大家看得到的地方工作，并尽力让自己的才华在众人之中凸显出来。

休特指出，"现在这个时代，能人辈出，但许多人空有才华而无人赏识，就这样浮浮沉沉地过了一生，令人为之惋惜！"

他则不同，他绝不甘心被人忽视。于是，一开始他便将自己安排在容易创造机会的地方。

休特为达成自己的人生计划，首先在学校里主修法律，一方面他认为以此为业既安全又可靠，另一方面他认为作为一名法学家还可以有许多机会在众人面前展露自己的才华。

就在这种观念的支持之下，他以十分优异的成绩毕业于佛罗里达州立大学。他的努力没有白费，毕业之后，他便进入塔拉哈希市一家法律事务所工作。

他还把积极参与社会活动作为自己的行动方针。没有多长时间，他便得到青年商会、军人组织等团体的认同。如此热情参与社会活动的结果，使他获得了第一次发展机会。他在事务所工作不到一年的时间，即被塔拉哈希市的人们公认为是最有才华的年轻有为的法学家，因此他在24岁时就被任命为该市的法院推事。

直至今日，在佛罗里达州，他仍然是年纪最轻的法律推事记录保持者。这个职位，使他在当地的声望愈来愈高，州府对他也颇为器重。

三年后，当他被任命为佛罗里达州饮料局长时，他的第二次发展机会亦悄悄降临。此时的他又成为全州人们所瞩目的对象，但他并不以此为满足，他知道自己仍然有发展的机会，并深信在周围的人群当中会有人带领他走向事业的另一座高峰。

果然不出所料，在注意他的人群里，美国最成功的年轻金领路易斯·沃弗逊也在其中。两个人志同道合，经介绍认识之后，很快就成了好朋友。三个月后，休特非常自信地告诉沃弗逊说："你恐怕不知道，有一天，我将成为你们那伙人中的一分子。"

沃弗逊更想象不到的是"那一天竟然这么快就来临了"。

三年后，在休特30岁那年，他被沃弗逊任命为美国主要建设公司的助理总经理。

这个旁人求之不得的天大机会，就是休特六年来不断显示自己才华的结果。在沃弗逊的世界里，休特的事业快速发展。一年以后，他成为该公司的副总经理；未隔多久，他又成为公司的总经理。

路易斯·休特的成功，证明了善于推销自己，努力展示自己才华的重要性。想要成功的人，必须采取积极方法展现自己。有人说："勇猛的老鹰，通常都把它们尖利的爪子露在外面。"做到把"尖利"的爪子露在外面，应该注意以下几点：

（1）使自己尽快被人发现。

杰克·阿尔克利克特发现自己在纽约市一家很大的广告公司里处于一群竞争力很强的年轻的同事之间。他们被分配去向各药店经理调查其产品的销售情况。而这些药店经理却常常以工作忙为借口把调查者匆匆打发走。阿尔克利克特决定采取一项非常特殊的策略。他借了一身定做的高级衣服，租了一辆配有职业司机的轿车，然后他让司机把自己惹人注目地送到每一个药店门前。药店经理非常欢迎这样郑重的拜访，于是阿尔克利克特给广告公司带回了大量的调查记录。公司很快将他提到一个重要的位置。

（2）精心完成你的第一次任务。

维克多·凯姆从哈佛商学院毕业后，接受了在莱渥兄弟公司的任职。这是一家批发保健和美容产品的公司。他并不清楚自己有没有推销产品的本事，但他决心成为一个出色的推销员。其他推销员每周工作三四十个小时，他却每周工作六天，每天工作十二小时，不停地给顾客打电话推销产品。这样，他超额完成了推销任务，于是很快在莱渥兄弟公司推销部门升了上去。现在他是莱明顿公司的总经理。

（3）全面了解工作环境。

丽莲·格里夫半路出家，由新闻业转入克里夫兰信托公司。格里夫说："刚一进公司，我就决定要在三个月内对银行比其他任何人都知道得多。"

于是，她除了工作之外，每天都不断打听公司每一条走廊里的情况，记住不同部门的名字和位置。她还每天向银行不同岗位的人员打听，问人家："你们那些伙计们到底在干些什么呀？"

三个月之后，连许多银行的老员工都靠她来提供迅速和权威的信息，她成了信息源。这样，她很快升任为公共关系部门的主管。

谈到这个简单的技巧时，她始终兴奋不已，说道："任何人都可以在一个大的机构中做到这一点，这一点儿也不难，可结果却非常奇妙。"

（4）先回答"当然可以"，然后再考虑如何来做。

经理们一般喜欢能够接受挑战而且努力去战胜挑战的部下。哈佛德·福勒曾是一个熟练的建筑工人，后来到得克萨斯的一家公司工作。他的新工作是全厂的机械维修。一天，公司经理召见他，问他："哈佛德，公司现在希望制造一种机械，它从最后一个纸滚子上把纸撕下来，然后切割、码放，在这过程中又不停机，你看能不能设计一个这样的装置呢？"

哈佛德想了一下说："可以。"事后谈起此事，他说："我当时对那个机器的设计连点影子也想不出来，我只觉得我不能说不行。"

经过多次试验，他终于设计出了这种装置，解决了老板的问题。哈佛德很快被提升为工程师，后来又升为总工程师。

（5）鼓起你的热情。

一个充满热情的新来者能带动整个部门。当然有些时候你也会情绪低落，但也有方法使你走出情绪的低谷，那就是：如果你希望自己热情起来，那就在行动上先热情起来。内在的热情也就会随之而来，而且会在你的同事和上级那里得到同样的反馈，甚至连玩世不恭的老家伙也乐于帮助一个十分热情的新手。

（6）敢于改革根深蒂固的旧方法。

吉瑞·辛普特在阿克拉荷马巴特莱思帝国汽油和燃料公司接受技术培训时，就跃跃欲试想利用他的技术知识。可他在技术培训中接受的第一项任务是蹲在料场里数螺母、螺栓和其他小零件，然后再到另一个料场重复此工作。他想他可能要受几个月这样的窝囊罪。于是他想出了一个办法，他先一批一批地称这些零件的重量，然后再换算成零件的个数。当监工发现辛普特仅用了一般人所用时间的零头就完成了任务时，马上向他的上级汇报了这位年轻人的方法。很快，辛普特就被安排从事实际的技术工作，接着他又被提拔去管理一个分厂。

总之，发挥自己的所有才能，为成功努力去奋斗。这个社会不相信内在的能力，只相信外在的实力。千里马是跑出来的，不是伯乐"相"出来的，是千里马，你就应该放开了跑。

大胆钻出自己的"小盒子"

对于一个人来说，在这样的开放时代，要想获得事业的成功，掌握自己的命运，或者与时代俱进、与世界同步、与他人和谐，都必须努力打造一个开放式的人生，从自己的"小盒子"中走出来。

现在的世界处于信息时代，开放是一种不可遏止的潮流，任何一个国家、任何一个企业都不可能在封闭中获得生存和发展，故步自封是经济发展的最大敌人。美国的白宫是对公众开放的，任何人都可以在规定的日子里进入自己想要参观的场所。英国和日本的议院也同样对外开放，而且设有专门的旁听席供公众列席旁听。国际上许多著名的大企业集团，对信息的开放交流及反馈就更坦诚真实了。企业在其经营活动中，除非需要加以保密的信息，都应该公之于众，大家共同受益。对于个人，有什么好的信息与大家一起分享，别人才会觉出你的真诚，对你也会以诚相待。如果你对所知的信息遮遮掩掩，那么别人自然对你也不会坦诚相待了。

将信息公布是开放的一种表现。在当今中国，包括普通百姓在内，正在潜移默化地生长着一种与全方位对外开放相适应的时代意识和世界理念，我们越来越习惯用时代发展的要求审视自己，改革和完善自己。我们的视野不仅覆盖国内，还早已投向了全世界，成千上万的留学生和人才乘改革开放之船勇敢地跨出国门，跨越海洋，走向世界。职场上，白领不断提高自我，展示才能，为自己为家庭为社会创造更多的财富。这样一种精神风貌和价值追求，在中华民族发展史上是前所未有的，深刻地展示了当代中国正在沿着和平发展之路走向繁荣富强。

"在我人生的字典中，开放 是一个最有魅力的字眼，因为有了这两个字，四分之一的地球公民有了尊严。我是中国十三亿人口中的一员，对这个字眼我心中充满了感激。"

"开放是时代的趋势，体现着互联网的精神，任何一个个体在时代趋势面前都会显得微不足道，常常是时代的浪涛冲刷着那些不开放的障碍，最后开放变得不可阻挡。所以，主动的开放就是弄潮儿，而被动地抵抗开放则是残缺的石岸。"

中央电视台《赢在中国》总制片人和主持人王利芬这样表达了她对"开放"的理解。

CCTV 2每周二晚上播出的《赢在中国》是我国目前最受关注的财经节目之一。这个节目吸引了无数个怀揣创业梦想的选手前来参选，著名的企业家马云、牛根生、熊晓鸽等担任嘉宾。而这个节目的制作的成功，和总制片人、主持人王利芬在海外学习的见识和思考是分不开的。

几年前，王利芬在美国布鲁金斯协会的中国中心进行电视研究。偶然一次机会，她看了NBC黄金档节目《学徒》，大受启发，开始思考是不是可以借鉴美国模式办一档中国商业人才选拔的电视节目。

因为眼界开阔，王利芬想到了借鉴国外成功电视节目的好点子，但《赢在中国》最终能成功，还得益于她思路的开放：完全照搬必死无疑，因为美国《学徒》中的价值观和中国人的价值观并不吻合。经过深思熟虑，王利芬终于找到了一个中国化的主题——"励志、创业"，因此才有"励志照亮人生，创业改变命运"的《赢在中国》的诞生。

从她的话中可以知道，我们要跟上时代潮流，就必须开放自己。大学教授要想接触到更现代化、更系统的知识，就必须走出国门与国外学者交流；商家想拓展业务，就不能盲目地垄断市场；学生想学到更多的知识，就必须克服胆怯与老师同学交流，进行社会实践；农民想获得更多的收成，就不能只是埋头耕耘那一亩三分地，需要多读书、多看报、多看电视，获取最新的农经信息……所有的现象表明开放已经变得如此重要和必不可少，从某种程度上来说，已没有任何人任何事可以置身于"开放"的大潮之外。

开放的人生来源于开放的思想，开放的思想来源于开放的眼界，开放的眼界来源于开放的行动，开放的行动来源于开放的知识。我们生活在一个不断开放的国度里，就不能封闭在自己的小盒子里，而要以开放的胸襟、开放的思维、开放的勇气、开放的行动，建设一个不断开放、不断进步的人生。

打破规则，别再恪守老经验

在日常生活中，有些人习惯于遵循老传统，恪守老经验，宁愿平平淡淡做事，安安稳稳生活，日复一日、年复一年地从事别人为他们安排好的重复性劳动，不敢有一丝的"出格"行为，对于那些未知的东西更是心中充满了畏惧。

这些人思想守旧，心不敢乱想，脚不敢乱走，手不敢乱动，凡事小心翼翼，中规中矩，虽然办事稳妥，但也不会有创造力，不懂得如何创造性地完成任务，也就不可能将工作做到卓越。

下面这个故事中的主人公，就是由于固守老经验不放手而有了那次悲惨的遭遇。事后，他悔恨地感叹：都是老经验害了他们，如果当时能够冒险试一试，哪怕只试一次，其他的船员也不会丧身孤岛。

那一次，他所在的远洋海轮不幸触礁，沉没在汪洋大海里。船上包括他在内的9位船员拼死登上一座孤岛，才暂时得以幸存下来。

但接下来的情形更加糟糕。岛上除了石头，还是石头，没有任何可以用来充饥的东西。更为要命的是，在烈日的暴晒下，每个人都口渴得冒烟，水成了最珍贵的东西。

尽管四周都是水——海水，可谁都知道，海水又苦又涩又咸，饮用过后反而会更加口渴，最终会因严重脱水而死亡。现在9个人唯一的生存希望是老天爷下雨或过往船只发现他们。

等啊等，没有任何下雨的迹象，天际除了海水还是一望无边的海水，没有任何船只经过这个死一般寂静的岛。渐渐地，他们支撑不下去了。

其他8名船员相继渴死，只剩下他一个。饥渴、恐惧、绝望环绕在他的四周，当他也快要渴死的时候，他实在忍受不住，跳进海水里，"咕嘟咕嘟"地喝了一肚子海水。他喝完海水，一点儿也觉不出海水的苦涩味，相反觉得这海水非常甘甜，非常解渴。他想：也许这是自己死前的幻觉吧，便静静地躺在岛上，等着死神的降临。

他睡了一觉，醒来后发现自己还活着，感到非常奇怪，于是他每天靠喝海水度日，终于等来了过往的船只。

他得以生还后，大家都很奇怪这片海水为什么是甘甜的可饮用水，后来有关专家化验这片海水发现，这片海水下有一口地下泉。由于地下泉水的不断翻涌，所以，这儿的海水实际上是可口的泉水。

谁都知道"海水是咸的""根本不能饮用"，这是基本的常识，因此8名船员被渴死了。追根究底，还是老经验害死了他们。而第9名船员在求救无望的生死之际，颠覆了老经验，做出了异于常人的举动，而正是这一举动使他找到了一线生存的希望。

这个故事也告诉我们，再好的经验也会成为过去，如同高科技产品一样，今天是博览会上的高、精、尖，明天就可能成为博物馆里的"古董"。下面小虎鲨的故事也证明了这一点。

小虎鲨的故事是西点军校学员的"反面教材"。

小虎鲨长在大海里，当然很习惯大海中的生存之道。肚子饿了，小虎鲨就努力找大海中的其他鱼类吃，虽然有时候要费些力气，却也不觉得困难。有时候，小虎鲨必须追逐很久才能猎到食物。这种难度，随着小虎鲨经验的增长越来越不是问题，并不对小虎鲨的生存造成影响。

很不幸，小虎鲨在一次追逐猎物时被人类捉住了。离开大海的小虎鲨还算幸运，一个研究机构把它买了去。关在人工鱼池中的小虎鲨虽然不自由，却不愁猎食，研究人员会定时把食物送到池中。

有一天，研究人员将一片又大又厚的玻璃放入池中，把水池分割成两半，小虎鲨却看不出来。研究人员把活鱼放到玻璃的另一边，小虎鲨等研究人员放下鱼后，就冲了过去，结果撞到玻璃，疼得眼冒金星，却什么也没吃到。小虎鲨不信邪，过了一会儿，看准了一条鱼，咻地又冲过去，这一次撞得更痛，差点没昏倒，当然也没吃到鱼。休息10分钟后，小虎鲨饿坏了，这次看得更准，盯住一条更大的鱼，咻地又冲过去，情况仍没有改变，小虎鲨撞得嘴角流血。它想，这到底是怎么回事？小虎鲨趴在池底思索着。

最后，小虎鲨拼着最后一口气，再冲！但是仍然被玻璃挡住，这回撞了个全身翻转，鱼还是吃不到。小虎鲨终于放弃了。

不久，研究人员又来了，把玻璃拿走，又放进小鱼。小虎鲨看着到口的鱼，却再也不敢去吃了。

西点军校的教官告诫学员：人类也很容易像小虎鲨一样被过去的经验所限制，如果你不想没有食物吃，那就勇敢地跨过经验这道门槛。

经验告诉我们的只是过去成功的过程，而不是未来如何成功。你千万不要以为在人生这个广袤的大海里，只能抱着那些曾经的经验，在祖辈开辟的领海中游弋。与恪守老经验的人不同，具有创新思维的人长了一身的"反骨"。别人拿苹果直着切，他偏偏横着切，看看究竟有什么不同；别人说"不听老人言，吃亏在眼前"，他偏不听，偏要自己闯闯看。具有创新思维的人不愿死守传统，不愿盲从他人，凡事喜欢自己动脑筋，喜欢有自己的独立见解。他们思想开放，不拘小节，兴趣广泛，好奇心重，喜欢标新立异，最爱别出心裁。因此，具有创新思维的人脑瓜活、办法多，最能创造出好成绩。

我们都很钟爱老经验，因为经验毕竟是前人智慧的积累，是我们伸手即可取之的做事准则。但是，在当今信息瞬息万变的时代，经验已经不能代表一切，恪守老经验也不等于永远正确，只会阻碍了创新思维的发挥。所以，在生活、工作中，我们应该利用好老经验，而不是受它的束缚。

创新，保持永远的竞争力

一个没有创新能力的人是可悲的人，一个没有创新意识的人是缺少希望的人。一个人若想改变当前的境遇，必须不断创新。只有锐意创新，成功才会降临到你头上。

日本有一家高科技公司。公司上层发现员工一个个萎靡不振，面带菜色。经咨询多方专家后，他们采纳了一个最简单而别致的治疗方法——在公司后院中用圆滑光润的800个小石子铺成一条石子小道。每天上午和下午分别抽出15分钟时间，让员工脱掉鞋在石子小道上随意行走散步。起初，员工们觉得很好笑，更有许多人觉得在众人面前赤足很难为情，但时间一久，人们便发现了它的好处，原来这是极具医学原理的物理疗法，起到了一种按摩的作用。

一个年轻人看了这则故事，便开始着手他火红的生意。他请专业人士指点，选取了一种略带弹性的塑胶垫，将其截成长方形，然后带着它回到老家。老家的小河滩上全是光洁漂亮的小石子。他在石料厂将这些拣选好的小石子一分为二，一粒粒稀疏有致地粘满胶垫，干透后，他先上去反复试验感觉，反复修改了好几次后，确定了样品，然后就在家乡因地制宜开始批量生产。后来，他又把它们确定为好几个规格，产品一生产出来，他便尽快将产品鉴定书等一应手续办齐，然后在一周之内就把能代销的商店全部上了货。将产品送进商店只完成了销售工作的一半，另一半则是要把这些产品送到顾客手里。随后的半个月内，他每天都派人去做免费推介。商店的代销稳定后，他又开拓了一项上门服务：为大型公司在后院中铺设石子小道；为幼儿园、小学在操场边铺设石子乐园；为家庭装铺室内石子过道、石子浴室地板、石子健身阳台等。一块本不起眼的地方，一经装饰便成了一块小小的乐园。

紧接着，他将单一的石子变换为多种多样的材料，如七彩的塑料、珍贵的玉石，以满足不同人士的需要。

800粒小石子就此铺就了一个人的一条赚钱之路。

不要担心自己没有创新能力，惠能和尚说："下下人有上上智。"创新能力与其他能力一样，是可以通过教育、训练而激发出来并在实践中不断得到提高的。它是人类共有的可开发的财富，是取之不尽、用之不竭的"能源"，并非为哪个人、哪个民族、哪个国家所专有。

因此，人人都能创新。

你现在需要做的就是不断激发自己的创新能力，多一些想法，多一些创造。该如何培育创新能力呢？下面的四个步骤将给你提供帮助。

1 全面深入地探讨创新环境。

创新不是在真空中产生，而是来自艰苦的工作、学习和实践。如果你正为一项工作绞尽脑汁，想在这个具体的问题上有所建树，那么，你需要全身心地投入到这项工作中，对其关键的问题和环节做深入的了解，对这项工作进行批判的思考，通过与他人讨论来搜集各种各样的观点，思考你自己在这个领域的经验。总之，要全面深入地探讨创新环境，为创新准备"土壤"。

2.让脑力资源处于最佳状态。

在对创新环境有了全面的认识之后，就可以把你的精力投入到你手头的工作上来了。要为你的工作专门腾出一些时间，这样你就能不受干扰，专注于你的工作了。当人们专注于创新的这个阶段时，他们一般就完全意识不到发生在他们周围的事，也没有了时间的概念。当你的思维处于这种最理想的状态时，你就会竭尽全力地做好你的工作，挖掘以前尚未开发的脑力资源——一种深入的、"大脑处于最佳工作状态"的创新思路。

让脑力资源处于最佳状态，对于"思想做好准备"是很必要的，我们可以通过以下几种方式来做到让脑力资源处于最佳状态：

（1）调节。当我们进入教堂，我们就会使自己适应这里的气氛，表现出专注和认真，你可以用同样的方式来调节你在学习环境中的注意力，在选择学习环境时，要考虑到它是否有利于你专心。

（2）改变习惯。每个人都会有大量的习惯性的行为，有的行为是积极的，有的则是消极的，大多数则居于两者之间。学习需要全身心地集中和投入，这意味着你要改掉影响全身心投入的坏习惯，如总想同时做好几件事，或用有限的时间去完成很重要的任务。同时，要使脑力资源处于最佳状态，还包括要养成新的习惯：找一个合适的地方，调配足够的时间，以及进行认真的和有创意的思考。这些新的习惯可能需要你付出更大的努力，耗费更大的心血，但是，这些行为很快就会成为你自然的和本能的一部分。

（3）冥想。大脑中充斥着思想、感情、记忆、计划——所有这一切都在竞争，想引起你的注意。

在你整日沉浸于来自方方面面的刺激，需要从身心上做出反应时，这种大脑"吵架"的现象更为严重。为了专注于从事创新，你需要净化和清理你的大脑。做到这一点的一个有效的方法就是做冥想练习。

3 运用技巧促使新思维产生。

创新的思考要求你的大脑松弛下来，在不同的事情之间寻找联系，从而产生不同寻常的可能性。为了把自己调整到创新的状态上来，你必须从你熟悉的思考模式，以及对某事的固定成见中摆脱出来。为了用新的观点看问题，你必须打破看问题的习惯方式。为了避免习惯的束缚，你可以用以下几种技巧来活跃你的思维。

（1）群策攻关法。群策攻关法是艾利克斯·奥斯伯恩于1963年提出的一种方法：与他人一起工作从而产生独特的思想，并创造性地解决问题。

在一个典型的群策攻关期间，一般是一组人在一起工作，在一个特定的时间内提出尽可能多的想法。提出了想法和观点以后，并不对它们进行判断和评价，因为这样做会抑制思想自由地流动，阻碍人们提出建议。判断和评价可推迟到后一个阶段。应鼓励人们在创造性地思考时，善于借鉴他人的观点，因为创造性的观点往往是多种思想交互作用的结果。你也可以通过运用你思想无意识的流动，以及你大脑自然的联想力，来迸发出你自己的思想火花。

（2）创造"大脑图"。"大脑图"是一个具有多种用途的工具，它既可用来提出观点，也可用来表示不同观点之间的多种联系。你可以这样来开始你的"大脑图"：在一张纸的中间写下你主要的专题，然后记录下所有你能够与这个专题有联系的观点，并用线把它们连起来。让你的大脑自由地运转，跟随这种建立联系的活动。你应该尽可能快地思考，不要担心次序或结构，让其自然地呈现出结构，要反映出你的大脑自然地建立联系和组织信息的方式。一旦完成了这个过程，你能够很容易地在新的信息和你不断加深理解的基础上，修改其结构或组织。

4 留出充裕的酝酿时间。

把精力专注于你的工作之后，创新的下一个阶段就是停止你的工作，为创新思想留出酝酿时间。虽然你的大脑已经停止了积极的活动，但是，你的大脑中无意识的方面仍继续在运转——处理信息，使信息条理化，最终产生创新的思想和办法。这个过程就是大家都知道的"酝酿成熟"的阶段，它反映了创新思维的诞生过程，就像雏鸡在鸡蛋里逐渐生长直至破壳而出一样。当你在从事你的工作时，你从事创新的大脑仍在运转着，直到豁然开朗的那一刻，酝酿成熟的思想最终会喷薄而出，出现在你大脑意识层的表面上。最常见的情况是这样的，当参加一些与某项工作完全无关的活动时，这个豁然开朗的时刻常常会来临。

创新并不神秘，但它的力量却异常的强大和神奇。为了在现代竞争中占据一席之地，不断地创新是唯一的出路。

第四章

差异：你要玩得和
别人不一样

激烈的市场竞争引发了大量的抄袭模仿行为，很多创新行为只能带来短暂的领先优势，其后就马上堕入同质化的海洋。怎样创造出与竞争对手不同的差异化特色，已成为摆在营销人员面前的一大难题。差异化的实质就是给顾客一个购买理由，即为什么买你的而不买别人的。

差异化：有特色才会有市场

成功的营销战略关键在于聚焦、定位和差异化。企业在界定其目标市场、建立独特的市场定位后，还需要为市场提供差异化供给品，让竞争对手很难完全模仿。企业必须比竞争者更好地理解顾客需求和递送更多的顾客价值。只有能够有效地实现差异化并定位为向目标市场提供卓越顾客价值的公司，才可能获得竞争优势。

随着市场竞争越来越激烈，市场营销面临越来越严重的同质化，不但是产品的同质化，甚至连营销策略和技巧都趋于同质化，企业纷纷陷入价格战、广告战、终端战和促销战的泥潭之中。

激烈的市场竞争引发了大量的抄袭模仿行为，很多创新行为只能带来短暂的领先优势，其后就马上堕入同质化的海洋。怎样创造出与竞争对手不同的差异化特色，已成为摆在营销人员面前的一大难题。差异化的实质就是给顾客一个购买理由，即为什么买你的而不买别人的。当产品具备了明显的差异化优势时，顾客在购买过程中才更有可能一眼注意到产品，并且达成最后的购买。所以，企业必须努力聚焦，把差异点经营到极致，凭借竞争者无法企及的某种特色来赢得客户。

拿地砖来说，美国设计师和建造师在设计或建造别墅时，常会选择一个叫艾克米的牌子。为什么呢？因为艾克米对自己所生产的地砖有一个特殊的承诺，它保证如果你购买了艾克米地砖，这个地砖可以用一百年而不坏。这个承诺本来是有些荒谬的，有多少顾客能真正活一百年呢？可艾克米却仍然坚称，你可以告诉你的继承人，一百年之后检查这个地砖是否还好用。通过这种特殊的承诺，艾克米一下子就变得与众不同。

再比方说水泥，墨西哥有一家公司，它的生意比其他的水泥商要好很多，这并不是因为它的质量比别人好，而是它能做到一点，那就是只要顾客下单，它就能在半小时之内将水泥送到顾客身边，而其他的水泥商一般都要等到第二天才能送到。顾客购买水泥，很多时候是要赶工的，他们不希望因为等待延迟施工。所以，这家半小时送达的水泥商以其差异化赢得了更多顾客，更多订单。

甚至连鸡肉都是可以差异化的。美国有一个品牌的鸡肉非常昂贵，可从表面上看，该品牌的鸡肉与其他品牌相比，并无多少区别。但这家公司却解释说，他们喂养的鸡在活着时非常快乐，是放养的，鸡肉肉质鲜美，所以值得起更高的价钱。还别说，有的顾客还真的愿意为这种差异化埋单。

还有银行，虽说所有的银行提供的服务大体上都差不了多少，可是德国有一家银行却将自己定义为"有道德的银行"，他们会对客户从道德的层面进行挑选，这家银行曾经拒绝为52位客户服务，原因就是这些客户违反了生态或者环境方面的规定。还有一家公司拿动物做产品测试，惹怒了这家银行，该银行断绝了与该客户的往来。有三分之一的客户在接受调研时表示，之所以喜欢这家银行，就是因为它非常讲公德、讲道德。

这些例子都表明，只要找到好的突破点，企业可以为任何产品创造差异化，营造品牌。就像《如何将沙子品牌化》一书所阐释的那样，即使是沙子，也可以找到差异点，实现品牌化。任何一家企业都可以为其产品找到特殊的定位和差异化的优势。

差异化营销的核心就是"细分市场，针对目标消费群进行定位，导入品牌，树立形象"。差异化营销不是某个营销层面、某种营销手段的创新，而是产品、概念、价值、形象、推广手段、促销方法等多方位、系统性的营销创新，并在创新的基础上实现品牌在细分市场上的目标聚焦，取得战略性的领先优势。

差异化最重要的因素有两个：第一是速度，速度要越快越好，哪怕慢了半拍，就可能被竞争对手捷足先登；第二，必须拥有自己的独特内容，并使消费者受益，从而在消费者那里获得认可和高度评价，只有能够获得消费者认同和接纳的差异化才是有价值的。在同质化越来越严重的形势之下，差异化营销已成为企业生存与发展的一件必备武器。

服务要有自己的特色

当下，随着生活水平的提高，人们的消费需求也发生着变化，购物习惯由原来的物美价廉、追逐潮流演变到现在的追求个性化。因此，对于开店人员来说，过去那种大众化的、千篇一律的服务已经不被顾客所看好，顾客更愿意接受具有人情味儿的个性化服务。

身为店铺经营者必须时刻把握顾客的消费动向，使自己的产品多样化，个性化，以满足顾客的消费需求，只有这样，你的店铺生意才能日益兴隆。但多数店铺经营者没有真正了解消费者的变化。在为顾客提供服务时，仍然提供一些大众化和传统化的产品，甚至跟每个顾客的沟通方式走的都是模式化的道路，结果往往事倍功半。

为了聚拢更多的顾客资源，让店铺更快的成长，我们必须把自身服务改进得更合顾客的"口味"。为顾客提供个性化产品实质上就是根据顾客的喜好、兴趣为其提供所要求的产品，以此来满足顾客的不同需求。例如，裁缝为每位特定的顾客量体裁衣，鞋匠根据顾客的脚型、尺寸设计鞋样并加工等，这些都是为顾客提供个性化服务。这种经营方式虽然无法满足顾客大规模的需求，但是却能为顾客提供个性化的产品及服务。

刘海是一个典型的"宅男"，由于崇尚自由，平时生活习惯没有规律，朝九晚五的工作状态对他来说真不习惯。因此，大学毕业后他没有找工作，而在网上开了一个店铺。由于其洞悉顾客的心理，店铺经营的思维模式多样化，开业不久，就聚拢了一批忠诚的顾客。要说起刘海的成功经历，还真有一个故事。

那年夏天，正当同学们都在为就业而忙得焦头烂额时，刘海的服装店在网上正式开业了。眼看着开业一个月了，除了有几个买家象征地询问一次，小店铺没有一个订单。刘海郁闷地在校园里闲逛，难道自己第一次创业就这样失败了吗？看到身边一对身穿情侣装的年轻男女走过，他灵机一动，我为什么不开一个情侣服装专卖店呢？

就这样，刘海把经营的商品作了调整，一天下来，竟然有好几对情侣要货。后来，他把自己的营销对象定位在18~25岁之间的年轻人，由于这些年轻人追求时尚潮流、个性化特征突出，刘海结合顾客的喜好，购进了一批带着温馨图形和搞笑话语的情侣衬衫，立即吸引了大量的年轻人，那批货很快抢购一空。这下，刘海不仅小赚了一笔，也找到店铺的经营方向，一年多过去了，他又开了属于自己的实体店，从此，网上、门面一起干。

从心理学角度来说，大多数人都希望自己穿着打扮是与众不同的。而刘海的服装店正是抓住了消费者的这种个性化的心理需求，为顾客提供多样的个性化的产品，自然受到顾客的欢迎，生意兴隆是意料之中的。

我们要做到为顾客提供优质的个性化产品，必须根据经营店铺的位置、产品种类、消费群体等情况策划出合理的营销策略。

消费者的需求特点越来越趋向于个性化与人性化，商家只有想尽一切办法满足顾客的内在需求，才是发展之本。据调查，顾客对于产品的个性化要求主要集中在外形、色彩及特殊的辅助性功能上，而对于产品的基本功能的需求则基本上是相同的，就好像不管是洗地毯的洗衣机还是洗内衣的洗衣机，清洗的功能是基本的，但手动控制、电脑控制则是顾客各有所好。

因此我们在为顾客提供个性化产品时，可以把更多的精力放在产品的外形设计和辅助性功能上，以此来体现产品的歧异优势。在一个由技术驱动的世界中，个性化会显示出每个顾客的需求，顾客需要享受个性化的服务，只有如此，顾客保留度才会提高。这样无论对卖家还是顾客都会有双赢的感觉。

包装要给人最能识别的符号

越来越激烈的竞争和零售商货架上日渐拥挤杂乱的场景，意味着包装现在必须担负起许多销售职责——从吸引人们的注意到描述产品，再到促成销售。

我们已经知道，产品绝不仅仅是指产品本身。消费者更倾向于把它看做是满足他们需要的复杂利益的结合，营销人员要把这种利益传递给消费者。而在产品充斥的零售商货架上，若要吸引消费者购买产品，包装则是第一要素。

美国啤酒市场因为竞争加剧，啤酒企业生存变得越来越艰难。加上安豪斯·布希公司和米勒公司等巨头占据的市场份额越来越大，很多规模较小的啤酒企业纷纷出局。

但在这个时候，出产于宾夕法尼亚州的罗林洛克啤酒却取得了成功。开始，由于资金有限，广告预算不足，该公司只得在包装上下工夫，决心把包装变成广告牌。

不久，在美国啤酒市场，一种绿色长颈瓶的啤酒用它独特的外包装吸引了众多的啤酒爱好者。消费者认为它看起来很上档次，有些人以为瓶子上的图案是手绘的，它独特而有趣，跟别的牌子不一样。人们愿意将它摆在桌子的显眼处。啤酒的包装箱上印有放在山泉里的绿瓶子，十分诱人。

这就是罗林洛克啤酒，它的外包装留给人们美好的印象。

虽然，罗林洛克啤酒在生产工艺流程和质量上根本就没有能力同米勒等大的啤酒厂家较劲儿，但它那好看的绿瓶子却让它的一切劣势都被掩盖了。

正是这令人过目不忘的外在形象帮助罗林洛克啤酒在竞争激烈的美国啤酒市场中，摆脱了困境站稳了脚跟，最后走上了飞速发展之路。营销专家约翰·夏佩尔是这样评价的："在罗林洛克啤酒的营销策略中，包装策略发挥了关键性的作用。"

新颖独特的包装可以传达产品的属性和定位，可以引起消费者购买和试用的欲望，可以通过视觉刺激提升产品知名度。罗林洛克正是看到了这一点，才使得它以其外在的形象在美国市场上站稳了脚跟。当然，仅仅有包装是不够的，但如果没有吸引人的包装，即使罗林洛克啤酒的质量再好，也很快会被米勒等大的啤酒厂商挤到一个无人注意的角落，根本谈不上发展。因此，经营者千万不能忽视包装。

有调查显示，随着市场上产品种类的日益增多，一位顾客在超级市场中每分钟可以见到300种商品，并且他的购买行为有3%是出于一时冲动，包装在此时几乎相当于一个"五秒钟商业广告"。包装被誉为"不说话的推销员"。科特勒认为，包装已经成为一项非常重要的产品营销工具，是产品的一部分。

那么，好的包装应该从何做起呢？营销专家建议，我们可以从以下几方面改善我们的包装：

（1）便于携带，方便使用。为了商品的使用方便，包装要大小适宜。对旅游食品、饮料，应以一人一次能用完为宜，对开包后易挥发、易变质且用量又不大的商品，包装不宜太大。为便于携带，有的商品包装应设计成带提手的、比较坚硬结实的包装或盒装。

（2）要具有审美价值。包装设计要外形新颖，色彩明快，具有装饰性和观赏性，使顾客看后有美的感受。特别是礼品包装，要美观大方，具有较强的艺术性，以增加商品的贵重感，从而达到宣传商品、扩大销售的目的。

（3）重复使用包装。重复使用包装是将原包装里的商品用完后，其容器可以再做别的用途。这种包装策略，一方面可以增加消费品的使用价值，另一方面因包装上有商标，可起到商品营销的作用，引起消费者重复购买。

（4）附赠品包装。这种包装方式由于附加的赠品而引起消费者的购买欲望。在儿童消费为主的市场，这一策略效果尤为显著，如在包装盒内附有连环画、人物彩色照片、集字图、小动物模型、小玩具以及赠品券等，极易引起儿童的兴趣，从而形成忠诚的儿童消费群。

广告：抓住潜在的客户

我们生活在一个传播过度的社会里，电视、报纸、杂志、网络、公交车站牌、公交车上、墙上……总之，抬头低头看到的都是广告。然而，广告不在于多，关键在于你有没有抓住有消费能力的人群。如果抓不住的话，打再多的广告也只等于是打水漂。

有一天，诗人出身的江南春外出办事的时候被一张电梯门口的招贴画吸引住了。大家抱怨电梯很慢，等电梯时间往往很无聊。等电梯人的一句话提醒了江南春，"如果有电视，人们在等电梯的时候就不会感到无聊了，效果也会比招贴画好很多。"江南春一下子被吸引住了，他想：我在电视上播广告怎么样？如果有比看广告还无聊的事情，我想大多数人还是会关注广告的。

发现了空白，江南春马上开始施行他的计划。2002年6月到12月，江南春说服了第一批40家高档写字楼。2003年1月，江南春的300台液晶显示屏装进了上海40幢写字楼的电梯旁。2003年5月，江南春正式注册成立分众传媒（中国）控股有限公司，分众从此开始走上飞速发展之路。

对于如何发现蓝海并成就今日之分众传媒帝国，江南春称："其实关键要有洞察力。如果你是一个有心人，如果经常专注市场，你就会发现机遇。当你观察消费者——受众的消费形态时，会发现一些新的东西，当时我们看了户外，看到徐家汇都是户外广告，发觉也没有什么出路，后来我们想了一想，是我们的思维模式有问题，一想到户外就想到地理位置。最后一点是要有颠覆性的思考，这可能和我以前写诗歌有关，要打破原来的逻辑，就可能会成为全新的东西。"

而在实际上，分众传媒能够有效打动观众，就是因为它不小心触及了广告的本质——"分"和"无聊"。"分"是指在高级办公大楼贴广告牌、贴液晶显示器的时候，不小心就把这些不太看电视、报纸、杂志，也没时间上网的具有高消费能力的白领精英给圈进来了。"无聊"是指这群人在等电梯的时候，人太多，他们不太方便打手机，因为他们讲的话可能都具有某些重要的或者不能透露的机密。他们也不可能闭上眼睛休息一下，因为时间太短。所以，这群人在电梯间里面好像就只有干瞪着眼无聊。分众传媒把广告放在电梯里面，刚好给了他们第二个选择。分众就在无意之中捕获了真正具有消费能力的大批白领精英、成功人士。

所以，短短19个月时间，分众传媒利用数字多媒体技术所建造的商业楼宇联播网就从上海发展至全国37个城市；网络覆盖面从最初的40栋楼宇发展到6800多栋楼宇；液晶信息终端从300个发展至12000多个；拥有75%以上的市场占有率。

2005年7月，分众在纳斯达克上市。股价全线飘红。分众传媒市值高达8亿多美元，拥有30%多股权的江南春，身价暴涨到2.72亿美元，约合人民币20多亿，一夜之间，江南春成了人们眼中的造富英雄。随后，江南春得到软银等风险投资商的注资，他带领分众传媒展开了大规模的收购行动。2005年底收购框架媒介，2006年初合并聚众传媒，之后收购凯威点告，2007年3月收购好耶网络广告公司。仅仅用了4年时间，分众传媒就快速成长为行业内的领导者。

购买力是构成市场和影响市场规模大小的重要因素，而购买力是受宏观经济环境制约的，是经济环境的反映。影响购买力的主要因素有居民的实际收入、币值、消费者的储蓄和信用、消费者的支出模式等。收入水平决定了购买力的大小，购买力又决定了市场规模的大小，从而关系到市场机会的大小。

对市场购买能力的评估可以采用购买力指数法。所谓购买力指数法，是指借助与区域购买力有关的各种指数（如区域购买力占全国总购买力的百分比、该区域个人可支配收入占全国的百分比、该区域零售额占全国的百分比，以及居住在该区域的人口占全国的百分比等）来估计其市场潜量的方法。

需要注意的是，区域市场潜量的估计只能反映相对的行业机会，而不是相对的企业机会。各企业可以用公式中未考虑的因素来修正所估计的市场潜量。这些因素包括品牌占有率、竞争者类型与数目、销售力量的大小、物流系统、区域性促销成本、当地市场的特点等。

将自己打造为开放的平台

一个新的互联网时代即将到来。这将是一个鼓励分享、平台崛起的时代。靠单一产品赢得用户的时代已经过去，渠道为王的传统思维已不再吃香。在新的时代，如果还背着这些包袱，那就等于给波音787装了一个拖拉机的马达，想飞也飞不起来。如何铸造一个供更多合作伙伴共同创造、供用户自由选择的平台，才是互联网新时代从业者需要思考的问题。

这个新时代，不再信奉传统的弱肉强食般的"丛林法则"，它更崇尚的是"天空法则"。所谓"天高任鸟飞"，所有的人在同一天空下，但生存的维度并不完全重合，麻雀有麻雀的天空，老鹰也有老鹰的天空。决定能否成功、有多大成功的，是自己发现需求、主动创造分享平台的能力。

在这个平台上，用户将是内容的主导者、分享的提供者。每个用户的知识贡献、内容分享，是这个平台赖以成功、赖以繁荣的重要保障。少数人使用廉价的工具，投入很少的时间和金钱，就能在社会中开拓出足够的集体善意，创造出5年前没人能够想象的资源。任何有意打破这种保障的行为，都将受到市场的惩罚。

——摘自《马化腾：互联网新时代的晨光》

让我们深入分析一下。马化腾认为，鼓励分享、平台崛起的互联网新时代已经到来。与过去不同的是，这个新时代更崇尚天高任鸟飞的"天空法则"。

从被誉为"开放元年"的2011年起，大型互联网公司都开始将自己打造为开放平台，以吸引众多富于创造力的第三方开发者，进而满足海量用户的各种需求。

QQ早在2006年就开始酝酿开放大计，历时3年开发而成的QQ2009，被称为"第三代QQ平台"，在腾讯公司内部叫作"Hummer（蜂鸟）"，取轻灵之意。

自2010年11月起，马化腾正式对外宣布，腾讯进入半年开放转型期。腾讯公司12周年纪念日（2010年11月11日）当晚，一向很少向外界输出世界观的马化腾以致全体员工信的方式，再次强调了开放战略："我们将尝试在腾讯未来的发展中注入更多开放、分享的元素。我们将会更加积极推动平台开放，关注产业链的和谐，因为腾讯的梦想不是让自己变成最强、最大的公司，而是最受人尊重的公司。"

腾讯的开放举措赢得了业界的赞赏。有分析人士称，腾讯真正从用户角度出发，满足网民日益增多的在线消费需求，也为第三方合作伙伴开辟了更多的商机，给中国互联网行业带来新气象。

马化腾也讲过，参与分享的网民数量越来越多，力量越来越大，互联网产业也随之迎来"核聚变"。原来我们所熟知的商业模式，随时可能成为泡影。每一个从业者必须认识到，如果你不能学会主动迎接，不对这种网民自由参与分享的精神保持敬畏之心，你就会被炸得粉碎。

让你的产品与众不同

正如科特勒所说，营销者必须相信，你可以让任何产品差异化。即使同质性很强的行业中，某些现实的或形象的差异化也是可能的。诸如榴莲、鸡蛋和橘子这样的产品也是可以被差异化的。消费者期待着XO榴莲、seng choon鸡蛋、新奇士橘子，这些品牌都提供了一种质量保证。

始创于1837年的宝洁公司，是世界上最大的日用消费品公司。每天，宝洁公司的品牌同全球的广大消费者发生着三十亿次的亲密接触。宝洁公司拥有众多深受信赖的优质、领先品牌，包括帮宝适、佳洁士、汰渍、碧浪、舒肤佳、飘柔、潘婷、海飞丝、威娜、玉兰油、吉列、博朗等。

宝洁旗下品牌众多，却分类明确。宝洁针对商品功能，将旗下产品分为：洗发护发用品，宝洁拥有飘柔、潘婷、海飞丝、沙宣、润研以及2001年从施贵宝公司收购的伊卡璐系列。个人清洁用品，拥有舒肤佳、玉兰油及激爽三个不同的品牌。

宝洁的各个品牌之间独立核算费用，鼓励品牌之间的相互竞争，在管理上也同样实行品牌管理方式，采用"一个品牌，一个品牌经"。对每一个产品进行不同的品牌定位，从而形成产品自身的品牌个性。

以洗发用品为例，宝洁各品牌寻找产品差异化时的立足点是头发质量的本身，例如男女性别差异，头发质量差异，头皮种类的差异。由于洗头护发是洗头产品的一项基本功能，产品功能的延伸也是在对头发质量的改善上。飘柔的二合一很显然是给生活节奏忙碌的都市人提供的产品定位，而柔顺体现的心灵关怀在头发上得到了展示；海飞丝是宝洁发现有一些消费者头发有头皮屑而开发的产品；潘婷强调修复功能，注重对头发的营养保健；沙宣的发廊级造型有专卖做示范；伊卡璐的小资定位与草本精华功能描述有力。这些实际可见的效果让消费者对这些产品很信任，也可以称作宝洁公司人文细微关怀的体现。

宝洁公司的产品差异化是典型的通过产品功能与文化的不同而区分形成的差异化。在差异化营销中，产品差异化的概念比较大，但本质含义是相对于同质化或者成本优势而言的一种竞争手段或者产品定位。主要功能是通过产品差异实现消费群体差异。具体表现为：

（1）价格定位差异化：通俗地讲就是高中低档商品定位不同，例如普通筷子、一次性筷子和象牙筷子就档次不同，消费群体可明显划分出来。

（2）技术差异化：技术含量的增加在无形中会提高产品的质量。比如有些电磁炉采用双圈加热路线，以达到加热均匀，而其他电磁炉采用单圈加热，受热程度不均匀。

（3）功能差异化：产品的功能在不改变基本使用价值的前提下，通过延伸或附加功能的不同来吸引消费者。上述的宝洁就是典型。

（4）文化差异化：很多时候，购买者购买的不仅仅是一种商品，更是一种情结的释怀或者是向往，这就是商品的文化内涵。采用文化的优势也是商品的特色。例如上海城隍庙的小吃也是小吃，但销售对象的文化取向有差异，唐装也是在销售一种文化。

（5）外观的差异化：外观是一个商品内涵的延伸，也是展示给人的感性形象，如同陌生人见面一样，"一见钟情"会不会由此产生，外观可谓决定因素。例如MP3发展到今天，已经上升为个人的名片、身份的象征，乃至一种精神上的体验，倾注更多的感性元素，因此，外形设计的差异化便成了制胜的一张王牌，愈发受到厂商的重视。

创新的服务，才是独特的

有人说："21世纪是观念的世纪。谁改变了观念，谁就是赢家；不改变观念，就面临灭亡。"可以说，确立了重视创新的观念，我们就等于迈出了创新的步伐，甚至可以说是在创新的道路上行走了一半。如果在观念上还忽视创新，还轻视创新，那么，就要尽快转变这种观念，将不重视创新的观念转到重视创新的观念上来。

对服务而言，出奇，才能制胜；创新，才有出路。提供优质服务，要求我们必须树立不断创新服务、永远让客户满意的观念。我们要把自己始终置于客户的严厉挑剔和审察之下，虚心接受来自各方面的意见和建议，不断改进服务，不断创新服务，使服务能够达到尽善尽美。

1952年，威尔逊在美国田纳西州孟菲斯市夏日大街旁的一片土地上，建起了第一座"假日旅馆"。并成功地将"假日旅馆"迅速地发展到国外各地，创造了世界酒店行业的神话。

"假日旅馆"贯彻"物有所值"的原则，所有的工作人员，都要接受"顾客至上"的教育，时刻想着：我们的服务一定是最好的。威尔逊认为："只有为旅客提供良好的住宿条件，使他们宾至如归，才能争得顾客盈门。"

他亲手把"假日旅馆"设计得色彩柔和、光线明亮，使顾客感到有温暖的家庭情调。旅馆设施齐全，屋内装有空调、电视机、收音机、音响和冰箱等，使住在"假日旅馆"里的每位旅客，犹如住在家里一样的方便自在，从而得到舒适的休息和愉快的消遣。

为了节省旅客的费用开支，在父母的房间里，免费设置了婴儿床，深受父母的欢迎。在"假日旅馆"内，设置了蒸汽浴、游泳池、高尔夫球、保龄球等服务项目。使用这些设施和活动场所的开支都计入总收费中去，当顾客一住进"假日旅馆"中就可以自由使用这些器具、场所。

"假日旅馆"的选址很讲究，一般选择交通便利的公路沿线或机场附近，为旅客节约时间和提供方便。为了旅客结算方便，"假日旅馆"还与海湾石油公司战略合作——采用信用卡消费，提供吃、住、行一条龙服务等形式。

威尔逊精明的经营思想和独到的创新服务，使他的"假日旅馆"蓬勃发展，他的个人财产早已超过50亿美元。

从"假日旅馆"的成功之中，我们可以看出，创新服务不仅是赢得服务竞争时代胜利的关键，也是打造公司"服务资本"的手段。"假日旅馆"之所以受到人们的欢迎，是因为它做到了以创新的服务，为顾客提供独特的服务。可以说，"假日旅馆"的不断拓展和超越，就是创新的结果。

詹姆斯·莫尔斯说："可持续竞争的惟一优势，来自于超越竞争对手的创新能力。"对于任何一个企业来说，要么革新，不断地再创造；要么停滞不前，走向破产。在服务中，最具创新力的服务才能赢得最多的顾客。服务人员只有强化创新意识，努力寻找新的突破点，打破原有思维方式，避免人云亦云，寻找与众不同的服务理念和服务策略，才能赢取顾客，赢取市场。

《孙子兵法》上说："能因敌变化而制胜者，谓之神"，信息时代全球市场变化非常快，谁能够以变制变，先变一步，谁就能够取胜。服务创新是贯彻顾客导向的服务理念的一个重要方面，顾客的需要和期望是不断变化的，要坚持顾客导向，就要不断地进行服务创新，以新的服务适应顾客新的需要和期望。在服务中，只有树立了创新的观念，才能在工作中日益出新，持续创新。

美国家乐公司的崛起正是因为创新。该公司首创了早餐麦片，在当时引发了消费麦片的潮流。其后，公司以它质量可靠、供货稳定等特点，在美国市场傲视同行长达20多年，其地位无人匹敌，公司也是大赚特赚。

但是，家乐公司渐渐沉浸于自己的美梦中而丧失了进取精神。到了20世纪70年代末，人们的消费习惯随着时代的发展起了变化，家乐公司在丰厚利润的掩盖下，没有注意到这种变化，也没有采取新措施以适应新的形势。

当家乐公司还在万事大吉的神话中睡觉时，它的竞争对手向它发起了进攻。美国的通用磨坊、通用食品等公司做了充分的市场分析，了解了新的消费群、新的消费口味，并有针对性地推出新口味、新品种、多类型的价格便宜的麦片。

它们不仅在产品上创新，而且采用了新的宣传方式，大搞促销活动。结果，产品一经推出就大受欢迎，成为市场上的抢手货。

在竞争对手不断推出新产品的时候，家乐公司还是一成不变地卖老产品。市场是非常残酷的，消费者很容易喜新厌旧，新产品给了家乐公司迅猛一击，在毫无准备的情况下，家乐公司的市场占有率从过去的80%以上急剧下降到了38%。

在现代社会，最具创新力的企业，才能赢得最多的利益。家乐公司由于后来疏于对服务和产品的创新，没有跟上时代的变化，结局只能是产品被淘汰，甚至公司走向破产。其实，任何企业都应该明白，服务顾客，要善于创新，要懂得独辟蹊径，不走寻常路，这样才能稳赢不败。

创新是一种观念。一个人如果没有强烈的"创新"观念，不能时时刻刻想到创新，不能时时刻刻注重创新，那么，创新自然也就成了一句空话。所以，在进行创新之前，首先要解决观念创新问题，如果根本接受不了，更不用说去做了。古人说："不谋全局者，不足谋一域；不谋万事者，不足谋一时"，说的就是"思路决定出路"，而思路的形成离不开观念的创新。

第五章

人脉：有多少人
是有价值的

一个人的人脉资源可以提高这个人的成功概率，也就是说通过人脉资源，可以提高自己拥有的价值。关于这一点，我们首先要做的就是建立自己本身的价值，其次就是向他人传递自己的价值，再次就是向他人传递他人的价值，从而勾勒出自己的人脉网络。

通过人脉，提升自己拥有的价值

美国前总统罗斯福曾经说过："成功的第一要素是懂得如何搞好人际关系。"现在越来越多的人都意识到了人脉资源对自己事业成功的重要性。一个人的人脉的"质"和"量"，在一定程度上也决定着这个人的人生。有人调查，一个人的成功有80%取决于他的人脉，只有20%跟个人努力有关。这就要求我们要努力提高自己的交际能力，创建自己的人脉资源，才能在这个人际社会中游刃有余，从而为事业的成功打下深厚的基础。

每个人都想要成功地做一番事业，但仅靠拥有的专业知识是不够的，在社会中，如何处理好与周围人的人际关系也是影响工作效绩的一个重要因素。拥有好的人际关系，能让你在事业的奋斗道路上得到更多帮助，使工作情绪持续高涨，自然而然地，上好的工作表现也会使你因此有更大的收获。

一个人的人脉资源可以提高这个人的成功概率，也就是说通过人脉资源，可以提高自己拥有的价值。关于这一点，我们首先要做的就是建立自己本身的价值，其次就是向他人传递自己的价值，再次就是向他人传递他人的价值，从而勾勒出自己的人脉网络。通过人脉网络，自己就可以最大限度被其他人所认同，从而增加自己所拥有的价值，一定程度上使自己更加容易地走向成功。

小李和小王同一年进入一家大的公司。几年过去后，小李的工作能力得到了大家的认可，从而为其赢得了好的口碑。小王虽然能力不如小李，但是他开朗大方并且富有亲和力，使其在公司里拥有较好的人际关系，这也使他的工作表现不输于小李。

在今年年初的时候，公司的部门经理因为特殊原因要辞去工作，并且推荐小李和小王成为部门经理的候选人。对于这件事情，管理层表示进行三个月的考核，然后会经过商讨对部门经理进行任命。

三个月后，当管理层宣布小王继任部门经理时，很多同事都议论纷纷，觉得有失公平。不料小李对这次任命表示接受，还称赞了小王身上有着自己所缺乏的许多优点，认为这种结果是很合理的。小李的行为得到了同事的称赞，为其留下了一个好的口碑。而这件事情也很快传到了新部门经理小王的耳中，小王也知道自己的业务能力是比不上小李的，就说这一次的升职，也是靠着他的良好的人际关系才得以实现的。因此，本来就对小李有歉意的小王更是加深了内疚。

正是因为小王的批示，在第二年的绩效考核中，小李得到了最高幅度的加薪。小李的优异成绩也引起了管理层的注意，并很快把他调到另一部门担任主管。

小王能够在考核中脱颖而出，就是因为他的人际关系为他带来了很好的加分，为他增加了本身价值，从而使他担任部门经理一职。而小李后来的升迁也是因为其良好的口碑及其在考核事情上与小王的关系发生了变化，从而使其人际关系得到很大改观，也正因此，小李的升迁成了理所当然。人际关系的通畅，对一个人的影响是长远的。努力发展自己人际关系是成功的必要条件，通过良好的人脉，你完全可以增加自己所拥有的价值。

人脉的扩展与开发，对我们进一步走向成功有着很大的帮助。通过人脉，可以提升自己所拥有的价值，让自己成为传递信息和价值的枢纽，那么就会有更多的人乐意与你接触，从而促成更多成功的机会，扩充了你的人脉网络，增加了你自身的价值。

被人称为"南季北吕"的北京"火花"大王吕春穆就是一个很好的例子。

吕春穆刚开始收藏火花的时候，他的方法十分简单：他给全国各地的火柴厂写信，通过委婉的语言向这些厂家直接索取。他寄信的一百多个火柴厂给了他回音，甚至还有远在西藏的一家火柴厂也给他寄来了几幅火花。

吕春穆最经常采用的方式就是朋友之间的交换。他的许多收藏都是来自朋友，甚至是朋友的朋友。他后来还加入了英国皇家火花协会等许多国外火花爱好者的组织，这给他带来了更多的收藏。

80年代初，他结识了一位在新华社工作的"花友"，这位"花友"一次送给了他20多套火花；还有一次，有位经贸司司长送给了他九千余盒火柴；他还通过《火花爱好者通讯录》结识了一百多位素未谋面的"花友"……

吕春穆的收藏越来越丰富，后来被誉为火花大王，在北京独树一帜，与被称为"扬州第九怪"的季之光合称为"南季北吕"。

吕春穆之所以能够成就这样的盛名，并有如此多的收藏，这些都与他的人际交往是分不开的。正是他的人脉给了他这些机遇，丰富了他的收藏。他以火花为媒介，认识了很多朋友，再通过这些朋友认识更多的朋友，甚至把这些关系推广到全世界范围，也因此，让他收获了越来越多的火花藏品，最终让他成为火花大王。

事实证明，一个人的成功与否往往是由他的人脉网络来决定的。每一个人都不可能单独存在，单靠自己获得成功在现在的社会已经不适用了。我们只有不断地与周围的人建立各种良好的合作关系，提升自己的价值，才能使自己不断地走向成功。

人脉关系就像是一口井，在建立的时候，需要付出很多汗水，然后才可以得到源源不断的清凉的水。而通过人脉这口井，我们可以拥有更多的财富，实现更高的价值。

成就你大事的小人物

很多人往往把人脉视为地位比较高、有钱、比较成功的一些人，在遇到事情时可以仰仗他们得到一些帮助，而对小人物则不屑一顾，颐指气使。其实，小人物也是重要的人脉资源。况且，哪一个大人物不是从小人物开始做起的呢？

在公司里，职位的高低、分工的不同，是工作所需，是为了达到一个最优化的组合来获取团队效益。从工作本质上来说，本没有什么差别，每个人的地位都是一样的，没有谁高人一等。有些人以为自己职位高一些，薪水多一些，在公司说话比较有分量，就妄自尊大，久而久之，引起下属的不满。小人物也有尊严，换句话说，你的管理能够有成果，也都有赖于他们的配合，是他们的辛勤工作才让你可以比较轻松地进行管理，也才保证了整个企业的正常运转，管理者更多时候应该是为他们服务的。

"禽流感"来袭时，正是公司新产品上市的当口。公司的董事对这个时候推出日化产品都很担心，因为人们会无心购买，市场很难预测。小丽是公司生产香皂的一名员工，她来到经理的办公室，想申请低价买一些公司的香皂。她说"禽流感"爆发，现在只要外出回家大家都要洗手。家里的亲戚朋友都托她买点香皂备着，连上学的表弟也随身带一块香皂。经理灵光一闪，有了想法，找到董事会。于是，以主打消毒产品来打开市场缺口的方案就产生了。

小人物往往也是消费者，他们处在生活的中心，对生活中的实际需求也更清楚。要在产品生产和市场销售方面多听听他们的看法，往往这便是商机所在。华尔街精英们甚至认为正是小人物的需求决定了世界经济的发展方向。越来越多的大公司开始注意到了小人物的大智慧，在公司管理和进行决策时，也都会发动员工的力量。

在德国一些企业里，员工参与管理主要通过工厂委员会的协商、董事会的共同决策、监事会的制衡及其他一些方式实现。工厂委员会由不包括管理阶层的所有员工选举代表组成，委员会定期与雇主举行联合会议。法律规定雇主有义务向工厂委员会提供各种信息和有关文件，尤其是涉及财务状况、工作流程的改变等方面。员工超过100人的企业，工厂委员会必须委任一个财务委员会，定期与管理层会面，了解公司的财务状况；员工超过1000人的企业，雇主还必须每季度以书面形式报告企业各方面的情况。委员会几乎可以对企业中所有重大的决策与举措发表看法。在工作时间、工资福利等方面，委员会还拥有共同决策权，特别是当发现劳动条件的改变损害了员工的人性化需要时，可以要求雇主予以改变或赔偿。

1.每个员工每年都要根据自身的情况写一份自我发展计划，简明扼要阐述自己在一年中要达到什么目标，有什么需求，希望得到什么帮助，并对上一年的计划进行总结。自我发展计划是员工进行自我管理的依据，也是对每个员工的上级提出的要求。如何帮助下属实现自己的计划，就成了上级人员制订自我计划的基础，也成为了对上级人员考核的依据。

2.员工每年要定期填写对公司意见的调查，这个调查是为了使那些没有参与管理积极性的员工调动起积极性，也能参与进来，他们对公司工作的评价会成为管理部门了解意见和建议的基础。

3.每年对员工进行一次360度的评议。

4.定期举行座谈会，充分征求员工意见，允许并鼓励参加人员就议题充分发表自己的意见，对于员工提出的一般需要，在会议期间或会议结束时作出明确的决议。召开研讨会，为制定某项重大问题的决策、原则与办法，各级组织举行研讨会，就某个问题做深入研究，从而提出妥善的解决办法。即使被邀请或是指定参加的员工没有发表什么意见，也会让其感到受重视，获得满足。

5.设置咨询机构或顾问委员会。

采取的这一系列措施都是为了激发员工的积极性，调动他们的主人公意识，把企业的目标当成自己奋斗的事业，在企业愿景下制定个人愿景。而小人物也会在关键时刻起到作用，他们所处的职位不同，看问题的角度不同，往往更能明晰出现问题的关键所在。

小人物有着大智慧。一项调查显示，我国的专利有65%都来自于民间发明人，有些也许只是很小的发明，却切实满足了人民的生活需求。内蒙古工人王俊斗沉醉于发明几十年，发明出了80多项专利技术，其中有20多项还获得了国家专利，这就是小人物的大智慧。另外一项统计显示，20世纪的中后期，在美国的基础研究取得的重大科学成就中，有75%都来自于不为人所关注的小项目。

小人物的智慧还表现在他们在思想和生活态度上对你产生的启发。在倪萍出版的新书《姥姥语录》里，记录了倪萍的姥姥——一个大字不识、辛劳了一辈子的山东老太的人生智慧：

有一碗米给人家吃，自己饿着，这叫帮人；有一锅米吃不了，给人家盛一碗，那叫人家帮你。

爱越分越多，爱是个银行，不怕花钱，就怕不存钱。

东西不在多少，话有时候多一句少一句就得掂量掂量，有时一句话能把人一辈子撂倒，一句话也能把人抬起来。

人生下来就得受苦，别埋怨，埋怨也是苦，不埋怨也是苦，你们文化人不是说生活就是生下来活下去吗？什么是甜？没病没灾是甜，不缺胳膊少腿是甜，不识字的人认个字也是甜啊！

日子得靠自己的双脚往前走，大道走，小道也得走，走不通的路你就得拐弯，拐个弯也不是什么坏事，弯道儿走多了再走直道儿就走快了。走累了就歇会儿，只要你知道上哪儿去，去干吗，道儿就不白走。人活一辈子就是往前走，你不走就死在半道儿上，你为什么不好好走，好好过呢？

就是这样朴素的话语，句句都是人生的大道理。也许小人物说不出什么豪言壮语，也没有取得人人称赞的成就，生活的经历磨炼了他们的心智，从生活中得来的这些智慧是岁月的结晶。有时候多听听小人物的生活经，沉浮于商海中的大人物也会得到启发。这是最直白、最直观的人生体悟和处世哲学。小人物在某个时候甚至会影响你一生的事业抉择。

人际交往中的"六度效应"

在人际交往中，有个著名的"六度效应"：你和任何一个陌生人之间所间隔的人不会超过六个，也就是说，最多通过六个人你就能够认识任何一个陌生人。这就是"六度效应"在人脉中的阐述。根据这个理论，你和世界上的任何一个人都能相识，不管对方在哪个国家，属于哪类人种，是哪种肤色。

西方谚语也说："每个人距离总统只有六个人的距离。"也许你不过是一介平民，但你总会认识一些人，而你认识的这些人又会认识另外的一些人，这另外的一些人又各自有着单独的人脉网络……这种连锁一直无限延续，最终，总有一个人会认识总统。

"六度效应"的结论是哈佛大学心理学教授Stanley Milgram在1967年通过一次连锁性实验得出的。现代版本则是哥伦比亚大学用E-mail进行的同样实验。有科学家甚至从这个现象推演出一个可以评估的数学模型。你也许不认识比尔·盖茨，但是在优化的情况下，你只需要通过六个人就可以结识他。"六度效应"说明了社会中普遍存在的一些"弱链接"关系却在发挥着强大的作用。

很多人认为社会中的人脉网络深不可测，其实它的理论基础正是"六度效应"。有这么一个故事：

几年前一家德国报纸接受了一项挑战，要帮法兰克福的一位土耳其烤肉店老板找到他和他最喜欢的影星马龙·白兰度的关联。结果经过几个月的调查，报社的员工发现，这两个人只经过不超过六个人的私交就建立了人脉关系。原来烤肉店老板是伊拉克移民，有个朋友住在加州，刚好这个朋友的同事，是电影《这个男人有点色》的制作人的女儿在女生联谊会的结拜姐妹的男朋友，而马龙·白兰度主演了这部片子。

这看起来像是很多巧合凑在了一起，其实每个人的关系网中都有很多这样的"巧合"，只要你善于寻找。

与"六度效应"类似的，是美国一位汽车销售冠军曾提过的"1=250"定律。这是什么定律？怎么"1"会等于"250"？这位超级业务员解释说："假设每一个客户平均有250个朋友，10个客户，就有2500个朋友，这是多么大的潜在市场？我们怎么可以小看这一个客户呢？毕竟，他的背后有250个可能的客户啊！只要他帮你说一句话，比你自己讲50句话还有用！"

就凭着这个定律和概念，那位平凡的业务员成了月收入百万元的"超级业务员"！

的确，我们所认识的每一个人，都有他们的"潜在人脉"，都值得我们去开发、挖掘；你之所以没有体会到这一点，就是因为你没有充分去挖掘自己的人脉潜力。每个人所拥有的人脉网络，都绝不仅限于自己认识的这些人，还可以延伸到这些人的朋友，甚至是他们朋友的朋友，这样一来，看看你的人脉网络有多么丰富吧。所以，绝对不要小看"1"的威力，因为他们背后可能有250个人，甚至是更多的关系。而你永远预测不到什么时候会用到他，或者通过他获得更多的帮助。

求人办事前，先想办法满足对方需求

心理学中有这样一个观点——"需求是决定一切行为的根本"，也就是说，我们的行为是由需求来支配的。明白了这个道理，我们在求人办事时，就要注意先满足对方的需求，给他想要的东西，一旦他的需求满足了，就会帮助我们做成所求之事。这就好比我们钓鱼，要想让鱼儿尽快上钩，就要提供它们爱吃的食物。

许多妈妈在面对挑食的小孩的时候，都会很头疼。但是总是有很多会哄孩子吃饭的妈妈，她们是怎么做的呢？聪明的妈妈在哄孩子吃饭的时候，从来不跟孩子讲很多的大道理，而只是说如果你不吃饭，就会饿肚子，饿肚子就不能和小朋友们做游戏了。每当听到这些话的时候，孩子都会乖乖地吃饭。这些妈妈所做的也仅仅是通过满足孩子的需求，达到成功地引导孩子吃饭的目的。

与之类似，还有一个非常经典的故事：

葛礼夏、阿尼雁、阿辽夏、索尼雅和厨娘的儿子安德烈，一面等大人们回家，一面坐在饭厅的桌子四周玩"运气"——孩子们在赌钱，赌注是一个戈比。

他们玩得正起劲，就数葛礼夏脸上的神情兴奋——他打牌完全是为了钱。要是茶碟里没有戈比，那他早就睡了——担心赢不成的那份恐惧、嫉妒，那剪短头发的脑袋里装满的种种金钱上的顾虑，不容他安安静静地坐着，安住他的心思。

他妹妹阿尼雁是一个8岁的姑娘——也怕别人会赢——钱不钱，她倒不放在心上。对她来说，能不能赌赢，是面子问题。

另一个妹妹索尼雅——她是为玩牌而玩牌——不管谁赢了，她总是笑，拍手。

阿辽夏——他既不贪心，也不好面子。只要人家不把他从桌子上赶走，不打发他上床睡觉，他就感激不尽了——他在那儿与其说是为了玩"运气"，还不如说是为了看人家起纠纷，这在打牌时是免不了的。要是有人打人，或者骂人，他就十分高兴。

第五个玩牌的人是厨娘的儿子安德烈——自己赢了也好，别人赢了也好，他都不关心，因为他全副精神注意着这种游戏的数字，注意着那不算复杂的原理，这世界上到底有多少不同的数字呢？它们怎么会算不错？

在这个故事中，我们可以发现：葛礼夏玩牌是为了钱，所以，那一戈比的赌注就要比其他的东西重要，要想使他接着玩牌，那么赌注就是对他的需求的最大满足。阿尼雁则是为了玩牌而玩牌，她的需求是消遣，而这也就成了她坐在牌桌前的动机。阿辽夏、索尼雅和厨娘的儿子安德烈的需求各不相同，所以他们在牌桌上的表现也不尽相同。

其实，人的动机来源于需要，需要激发人的动机。要想很好地影响别人，我们不妨通过激发对方的需求，然后引导其行为。

一方面，我们要找对他人的迫切需求。因为，如果需要不迫切，那即使我们有意引导他人，也可能并不能促使其按照我们的引导方向前进。如在引导孩子吃饭的例子中，因为孩子想要和其他小朋友一起玩的需求很强烈，所以妈妈的动机就能在满足了孩子的需求之后实现。

另一方面，一个人能够被驱使，除了满足他的内在需求外，往往还要受到外部条件的刺激。这种刺激会促使他去追求、去得到，从而满足某种需要。例如，当一个人处在荒岛，虽然他很想与人交往，但荒岛缺乏交往的对象（外部条件），最终他的这种需要也无法转化为动机。

所以，在人际交往的大舞台上，要想顺利达到自己的目的，就应当学会积极领会他人的观点，在处理事情时要兼顾他人与自己的需求，从而实现交际的双赢。

对自己的人脉关系进行定位分类

在美国有一句流行语叫做："一个人能否成功，不在于你知道什么（what you know），而是在于你认识谁（whom you know）。"其实简单来说，你想办成事，就要找对人。

人脉关系是应该分类的，不同的人脉关系有不同的特色，也会有不同的用途，对这些，善于交际的人心里都会有一个准确的定位。比如可以按照人脉的形成过程，把自己的人脉圈子分为血缘人脉、地缘人脉、学缘人脉、事缘人脉、客缘人脉、随缘人脉等等。简单地讲，因为家人关系形成的人脉可以称为血缘人脉，因为老乡关系形成的人脉可以叫做地缘人脉，因为同学关系形成的人脉可以叫做学缘人脉，因为工作关系形成的人脉可以叫做事缘人脉，跟客户打交道形成的人脉可以叫客缘人脉，参加聚会、随缘邂逅的人脉就叫随缘人脉。

俗话说，靠山吃山，靠水吃水。你有哪个方面的人脉资源就可以成就哪方面的事业。典型的例子比如：比尔·盖茨在他20岁时能够成功地拿到IBM的订单，就是因为他的母亲是IBM的董事会董事，近水楼台，所以才签约成功。这就是比尔·盖茨的血缘人脉。如果你也有这方面的资源，也要想办法让它为自己服务。

在中国，老乡关系是一种很特殊的人际关系。有一首歌叫《老乡见老乡》，"老乡见老乡，两眼泪汪汪，一口家乡话，句句诉衷肠……"在异地他乡见到老家人都是很亲切的，当然也有人利用这种关系坑蒙拐骗。在大学里经常可以看到某某同乡会，当时可能会觉得狭隘，其实这种做法还是可以给大多数的具有同乡关系的人带来好处的。还有中国历史上有名的两大商帮——晋商和徽商，不管走到哪，也都是同乡之间拉帮结派，各地的一些会馆，大都是这两个地方的商人的聚会场所，跟我们今天的同乡会相似。还有一些名人也很注重老乡关系。比如曾国藩是湖南人，他用兵就只喜欢用湖南的兵，称为"湘军"；蒋介石是奉化人，他的侍卫就多用奉化人，因为在他的眼中，只有奉化人是最可靠的。在国民党的军界，仅奉化一地就出过55位将军，这份"人杰地灵"不是靠着天地造化钟灵毓秀，而是跟蒋介石的偏爱不无关系。

阿里巴巴集团的主席、首席执行官马云开始创建阿里巴巴时，他的启动资金就来自于他的一些亲戚、学生和死党朋友。马云在阿里巴巴创建十周年时，发表了一篇演讲，他说自己之所以成功是因为当初的17位跟他一起创业的同事，十年来，无论发生任何情况，他们总是坚定地做他的后盾。如果没有他们的信任，阿里巴巴就可能一蹶不振，甚至会消失在互联网世界。

当初跟着马云创业的同事就是他的人脉资源，如果当初没有他们的支持，阿里巴巴也不会有现在的规模。马云就是很自然地利用了他的学缘和事缘等人脉资源。

客缘人脉也是一个很好的积累人脉资源的捷径，常言道"不打不成交"。在跟客户打交道时，比如厂家、供应商、零售商、加盟商、合作商、消费者等，彼此是互为顾客关系的。商业活动往往是对一个人的能力和品行的真实考验。而如果要想积累自己的客户资源，提高经济效益，就必须注意积累自己的客缘人脉，职业经理人要服务好自己的客户，巩固老客户，发展新客户，要想办法尽可能地拓展客户圈子。

随缘人脉就讲究随缘了，它有偶然性。所谓"有缘千里来相会"，只有靠缘分才可以拥有这种人脉资源。比如一次短暂的聚会，比如一次偶然的邂逅，因为太偶然所以很难把握，也不容易有意识地去认识。谁也拿不准上天会在什么时候给我们安排一次随缘的机会，但是只要能抓住机遇，这种缘分往往可以带来惊喜。你可能会遇到生命中的贵人，人生或事业可能会出现大的逆转，命运也将会与众不同。比如道格拉斯在火车上遇到好莱坞的制片人，比如林毅夫遇到舒尔茨，再比如希尔顿饭店首任总经理乔治·波特遇到威廉·阿斯特。

这是一个关于乔治·波特的真实故事，当时他还是一家旅馆的服务生。有一天晚上，一对老夫妇走进他所在的旅馆，说要住宿一晚。

但是很不巧，房间已经被那天早上开会的团体订满了。如果是在平时，乔治可能会送两位老人到其他还有空房的旅馆去，但是那天风雨交加，乔治不能再那样做，他就建议两位老人去自己的房间歇息，反正他值班，可以待在办公室。

这对老夫妇大方地接受了他的诚恳的建议，并对给他带来的不便表示抱歉。

第二天雨过天晴，老先生要结账时，站柜台的依然是乔治·波特，他不愿意收老人的钱，他说因为他们住的并不是饭店的客房，并问候老人和他的夫人是否睡得安稳。老先生对乔治很是赞许，他表示："你是每个旅馆老板梦寐以求的员工，或许改天我可以帮你盖栋旅馆。"

这位老先生就是威廉·阿斯特。几年以后，乔治·波特收到这位老先生寄来的一封挂号信，信里回顾了那天晚上的事，还有一张到纽约的往返机票，另外附有一张邀请函，老人邀请乔治·波特到纽约一游。

到了曼哈顿，乔治·波特在第5街及34街的路口见到了他当年接待的那位旅客，而就在这个路口，矗立着一栋崭新的华丽大厦，老先生说："这是我为你盖的旅馆，希望你来为我经营。"

这家旅馆就是纽约最知名的希尔顿饭店，它在1931年启用，在纽约它是极致尊荣的地位的象征，也是各国的领导人、高层政要们造访纽约时下榻的首选。

当然，人脉资源还可以有其他的分类标准，比如按照重要程度可以分为核心层人脉资源，也就是那些对你的职业生涯起到关键作用、甚至是决定作用的重要人物，这样的人脉资源是很珍贵的，一定要好好地经营好好地把握；紧密层人脉资源，指的是跟你的关系比较密切的人，像老师同学朋友等；松散备用层人脉资源，就是现在他们的优势还看不出来，将来有可能对自己有重大影响的人脉资源。这样的话，人脉资源还可以按照它的动态变化分为现在时人脉资源和将来时人脉资源。不论是哪种分法，哪种定位，都要对自己的人脉有一个准确的把握，做到随用随取，人尽其才。

深交一人，胜过滥交百人

我们知道，在人际关系学中，常会讲到"放长线钓大鱼"，这里所说的"大鱼"，往往指的就是那些在你打拼之路上将会起到相当作用的重要人物。

其实，这些颇具影响力的大人物，往往就是你通往成功之路的核心与重点。因为如果你想要在人生中快速取胜，那么最便捷的方法便是深交一个大人物，让这个大人物开拓你的视野。所以，如果你还对一些小人物下功夫的话，那么不妨转换一下你的目标吧。

埃德沃·波克被称为美国杂志界的奇才。但是，他的出身根本没有任何背景，他在美国的贫民窟中长大，一生中仅上过6年学。13岁时，波克辍学，到一家电信公司工作，这期间他省下车钱、午餐钱，买了一套《全美名流人物传记大全》。

接着，波克做了一件史无前例的壮举：他直接写信给书中的人物，询问书中没有记载的关于这些人的童年往事。例如，他写信问当时的总统候选人哥菲德将军，是否真的在拖船上工作过？他又写信给格兰特将军，问他有关南北战争的事。

年仅14岁、周薪只有6美元25美分的小波克，就是用这种方法结识了美国当时最有名望的大人物：哲学家、诗人……当时的那些名人要人们，也都乐意接见这位充满好奇心、可爱的波兰小难民。

获得名人接见的波克，开始了他一生伟大的事业。为此，他努力学习写作技巧，然后向上流社会的名人毛遂自荐，替他们写传记，订单如雪片般飞来。也正是因为和这些大人物在一起相处，他才获得了更有利于自己成长的环境。

做销售的人几乎都明白一个道理，如果想要在年底评比中赢取最佳业绩，那么就必须懂得"钓大鱼饱，钓小鱼跑"这个道理。这其中所谓的"饱"，指的是放长线钓大鱼过后所收获的富裕。毕竟钓"大鲸鱼"可以吃一年，钓"小鱼"你得天天钓，还得不偿失。

想当初，比尔·盖茨创立微软公司的时候，只是一个无名小卒，但是在他20岁的时候，却签到了一份大单。假如把这次营销比喻成钓鱼的话，是钓大鲸鱼还是钓小鱼比较好呢？回答肯定是大鲸鱼。因为钓大鲸鱼钓一只可以吃一年，但钓小鱼的话得天天去钓。比尔·盖茨在25年前创业的时候，他就了解了这一点，所以一开始他就将目标放在了"大单"上。

哈佛大学的研究员进行过一次调查。他们发现，被大家认同的接触型人才，专业能力并不突出，他们之所以杰出，是因为他们非常擅长人际交往。实际上，在人脉投资当中，如果你能多花费一些精力在大人物身上，那么你最后所能获得的回报将是十分丰厚的。

试想一下，你天天在一些小人物身上煞费苦心，可是真正到了最紧要关头，他们却帮不了你。不是他们不想帮，而是没有能力没有办法去帮你。所以你结识的小人物再多，如果不能为自己所用，那么也是白费力气。

享誉全球的安徒生小时候不过是一个乡下孩子，他之所以成功，很大一个原因就是他总是主动接近处在名利巅峰的大人物。比如，当他在报纸上得知某位大人物的行踪时，他会冲过去，把自己介绍给他们，并准确地表达这样的意思：我现在的情况很窘迫，我很希望得到您的援助。用这种方法，他敲开当时丹麦歌剧皇后的门，敲开过哥本哈根皇家歌剧院主任以及皇家歌剧院院长的门。在被拒绝过N次之后，他为自己谋得了一个在皇家歌剧院伴唱的差事，并在不久后获得了一位大学校长的高等教育资助。

一个真正的贵人能够帮你在短时间内迅速提升工作成绩，这便是人脉真正的价值所在。如果你仅仅是满足于现在的一点点的人脉资源，对一个人来说就是悲剧！因为当一个人确实不值得你在人脉库中长线持有时，应该果断终止，为更好的人脉腾出空间！

你的人脉网中有这十种贵人吗

你是否工作很忙，几乎没有时间跟任何人打交道？你是否每天都加班到深夜，根本没有时间跟朋友打个电话或者一起聚聚，到餐厅里喝杯咖啡？是的，你确实很忙。每个人都很忙。然而，问一下自己——你真的忙得连跟朋友打声招呼的时间都没有吗？人脉投资是一种长期投资，你一定要懂得如何在忙碌的生活中抽出时间来联系朋友；否则，长此以往，你的身边恐怕只剩下你养的宠物了！

我们无论如何也不能怠慢人脉，必须在平时就为人脉添柴加炭，但也不能操之过急，只有不动声色地微火慢炖，人脉才会成熟起来，朋友才会纷至沓来，成为你取之不尽、用之不竭的"摇钱树"。这个时候，人脉的回报率将会是惊人的。

在我们投资人脉的过程中，不能仅仅限于本领域、本专业所接触到的人。有这么几种人是我们必须与之相交往、时时联络的，哪怕你再忙、再紧张、再疲于应对，也得让自己拿出精力和时间，将这几种人纳入自己的日常交往中。

1. 关键时刻能为你提供票据的人

某个你正在求助的人或者你人脉中的某个重要角色，无意间提起他急欲观看某场重要比赛，可是偏偏票却售完了，问过所有的票务公司都说没票可售了。此刻，你应当急人之所急，拍着胸脯说："没问题，这事包在我身上了！"你的朋友一定大为高兴。

但是，前提是你答应的事一定能办成。假如你正好认识票务公司的某某人，而且弄两张票对他来说只是小意思，你的这个人情算是做到了。所以，你首先得认识能为你提供门票类票据的人，这样，关键时刻才能成竹在胸，事事不惧。

2. 银行内部的工作人员

在以经济发展为主导的社会，银行起到了越来越重要的作用，你的工资发放，你的投资理财，你的税款缴纳，你的奖金福利等，可能都要跟银行扯上关系。所以，认识几个银行内部的工作人员是极其必要的，这样当你的资金出现了任何问题，你就知道该向谁咨询，该向谁求助。

3. 猎头公司的人虽然很讨厌，但不妨认识一下

可能你常接到猎头公司的电话，而且频繁得令你感到厌烦。这时，你不应冷言冷语拒绝，不妨随便聊聊，记一下联系方式。要知道，你现在不需要不代表你将来不需要，如果你哪一天不幸落马了，猎头公司便能帮助你，永远记得这条真理：在口渴前挖井，什么时候都能有水喝。

4. 旅行社里的工作人员

身在职场，免不了会出差办事。出差离不了远行工具，你可能需要搭乘飞机。同一架飞机，10名旅客就可能会有10种不同的价格。如果你认识旅行社里的人，也许你的机票价格将是这10种价格中较为低廉的。一张本来卖400美元的机票，别人花了500美元才能买到，你仅花了300美元就买到了，是不是很得意？这就得益于你认识的这个旅行社里的朋友。

5. 当地的警务人员

也许你见了警务人员，心里会不由自主地犯怵。其实，只要你没做犯法的事，完全没有必要。要知道，警务人员的作用是很大的，例如，子女就学，户口迁移，家庭安全，突遇盗窃等事，都会有警务人员的涉入。所以，跟几个警务人员搞好关系是有百利而无一害的。

6. 名人、大腕

人都知道，大树底下好乘凉，应尽量多地去认识那些名人、大腕。也许你会想他们怎会放下架子来结交我们这些不名一文的人呢？其实，你要知道，高处之人往往不胜其寒，很多名人其实比你想象的要容易接近得多。关键在于你要开动脑筋，多想方法去靠近他们，用你独有的魅力去吸引他们的关注。另外，你还可以采用一些小技巧，例如，你可以专门去访问那些名人常光顾的律师、医生、会计师等；你还可以去他们常去的餐厅、舞会、展览会等，创造一些与名人、大腕相遇、相识的机会。

7. 金融和理财专家

金融、理财，两个貌似高深的词语，现在却与每一个人都或多或少地扯上了关系，我们每个人都有很多这方面的事务需要处理。但是，并不是我们每个人都可以成为这方面的专家。这时，我们就可以向这方面的专家请教，向他们请教比较科学的方法来引导我们的生活和事业。

8. 律师

我们不得不承认，现实的社会是复杂多变的，很简单的问题也许有太多的因素使其变得扑朔迷离，甚至有人抱怨，就算是两袖清风地走在大街上都有可能灾祸上身。因此，最明智的选择就是采取法律手段，按照法律程序来解决。这时，我们免不了会跟律师打交道。

律师一般都是法律通，他们熟悉法律知识，通晓法律技巧，有律师的帮助，你的麻烦就会省掉很多。

9. 维修人员

日常生活中的麻烦实在太多，家里的锁锈得打不开了，煤气罐漏气，下水道堵塞，半旧的汽车突然罢工……诸如此类的麻烦实在让人心情很糟。这时，如果你突然想起某个精通维修的朋友，你一个电话过去，你的朋友便会在最短的时间内帮你将这些烦心事解决得彻彻底底。而你需要支付的费用也是在合理的范围之内，有这样的朋友，真的会让人心情很好。

10. 媒体工作者

你的公司新研发了一种产品，这时，自然少不了宣传。要宣传自然就要跟媒体工作者打交道。所以，无论从集体的利益出发，还是从个人的利益出发，不论你对记者等媒体工作者持怎样的态度，与他们之间的关系你还是要处理好的。

媒体往往有这样的作用，它能使你绯闻缠身，也能使你在短时间内人气大涨。如果你处理得好，媒体真的能成为你最好的宣传助手。

不管你是属于哪个领域、哪个专业，都很有必要结识上面这十种人，把他们作为我们急需时的"备份"。这些人就好比我们日常出行必须用到的交通工具一样，没有他们我们可能很难完成最基本的事情。结识他们虽然看似平常，有时作用也不是很突出，但是如果能运用得当、巧妙安排，就能发挥出事半功倍的效果。

第六章

谋略：成功需要
一些"谋略"

察言观色是透视对方内心世界的有效方法。可是，如果对方既没有表情，又没有行动，我们也不能一直等待下去，无休止的等待往往会让人筋疲力尽。此时，需要采取积极主动的措施，诱使对方有所行动，然后再根据对方的行动进行观察试探。

主动进攻，善用"啄木鸟战略"

察言观色是透视对方内心世界的有效方法。可是，如果对方既没有表情，又没有行动，我们也不能一直等待下去，无休止的等待往往会让人筋疲力尽。此时，需要采取积极主动的措施，诱使对方有所行动，然后再根据对方的行动进行观察试探。

这种积极主动诱使他人的手法就称之为"啄木鸟战略"。通常，啄木鸟在吃小虫子的时候，总是先用自己长长的嘴试探一下，看一下树干的哪个地方有虫子，然后再进行啄食。这种方法运用到生活中，就是能够主动出击，诱使对方产生行为，再根据情况采取相应策略，这和啄木鸟吃虫子的道理完全相同。

使用"啄木鸟战略"最关键的一点就是要有试探别人的勇气或改变自己的信心，这对改变事情的结果是至关重要的。

很久以前，在波士顿北郊曾住着一位小姑娘，她的名字叫艾丽丝，她自怨自艾，认定自己的理想永远实现不了。她的理想也是每一位妙龄姑娘的理想:跟意中人——一位潇洒的白马王子结婚，白头偕老。艾丽丝整天梦想着，可周围的姑娘们都先后成家了，她成了大龄女青年，她认为自己的梦想永远不可能实现了。

一天下午，天下着大雨，艾丽丝在家人的劝说下去找一位著名的心理学家。握手的时候，她那冰凉的手指让人心颤，还有那凄怨的眼神，如同坟墓中飘出的声音，苍白、憔悴的面孔，似乎都在向心理学家说:我是无望的了，你有什么办法吗?

心理学家愣了片刻，然后说道:"艾丽丝，我想请你帮我一个忙，我真的很需要你的帮忙，可以吗？"

艾丽丝将信将疑地点了点头。

"是这样的。我家要在星期日开个舞会，但我妻子一个人忙不过来，你来帮我招呼客人。明天一早，你先去买套新衣服，不过你不要自己挑，你只问店员，按她的主意先去做个发型，同样按理发师的意见办，听好心人的意见是有益的。"

接着，心理学家又对艾丽丝说："到我家来的客人很多，但互相认识的人不多，你要帮我主动去招呼客人，说是代表我欢迎他们，要注意帮助他们，特别是那些显得孤单的人。我需要你帮助我照料每一个客人，你明白了吗？"

听完心理学家的话，艾丽丝一脸不安，心理学家又鼓励她说:"没关系，其实很简单。比如说，看谁没咖啡就给他端一杯，要是太闷热了，开开窗户什么的。"艾丽丝终于同意一试。

星期日这天，艾丽丝出现在了舞会上，她发式得体，衣衫合身。按着心理学家的要求，她尽职尽力，只想着帮助别人。她眼神活泼，笑容可掬，完全忘掉了自己的心事，成了晚会上最受欢迎的人。晚会结束后，有三个青年都提出要送她回家。

一个又一个星期，三个青年热烈地追求着艾丽丝，她最终答应了其中一位的求婚。心理学家作为被邀请的贵宾，参加了他们的婚礼。望着幸福的新娘，人们说心理学家创造了一个奇迹。

其实每个人都是天使，关键看你有没有做天使的勇气。一个人内心的力量是能够改变自己的生命的。我们没有理由怨天尤人，我们没有理由自暴自弃，上帝不会抛弃任何人，除非你自己抛弃了自己。

拥有了自信与勇气，就拥有了实施"啄木鸟战略"的基础。接下来，就要学习如何使用"啄木鸟战略"了。

在著名的兵书《孙吴兵法》上记载着这样一个故事：

有一次，魏武侯请吴起前来议事，和他一起商讨如何探知敌情的问题。魏武侯问吴起："如果我们和敌人两军对垒，大战一触即发，可此时的我们对敌人的情况还一无所知。此时，我们应该采取什么样的战略呢？"

吴起笑着回答："当然是诱敌出击，这样以便探明实情。"

魏武侯又问："如何诱敌出击呢？"

吴起回答："在两军交锋之前，先虚应一下，让对方误以为我们要进攻，他们会在应战中将自己的真实情况暴露出来。此时，我们退下来，借此机会观察对方的反应。如果敌军的阵容依然整齐划一，没有一丝辙乱旗靡的迹象，表示敌军的将领很有指挥能力。反之，如果对方漫无目的地追赶我们，就表示对方的将领带兵无能，不足为虑。"

将上面吴起的论兵之法运用到实际生活中，就可以迅速探求到对方的虚实。尤其对于那些狡猾的人或不明朗的事，采取"啄木鸟战略"可以更加有效地诱使对方露出自己的真实意图来，从而根据实际情况采取相应战略。

如果我们从一个人的外表不能迅速判断他的想法，不能猜透他的心意，可以采取试探的办法，从对方的反应中洞察他的内心。试探别人的方法有多种多样，最为常见的有以下六种：

（1）对自己想要了解的事情刨根问底，步步紧逼，一定要看到对方的表态。然后，从对方的表态中观察他的真实想法。

（2）如果自己不便出面处理这事，可以让不相干的人侧面探寻，旁敲侧击地观察对方的反应，以便做到心中有数。

（3）采用欲取先予的办法，可以将自己无关痛痒的秘密泄露给对方，从对方的反应中观察对方的表情，进而探寻他的内心世界。

（4）将一些贵重的物品委托给对方帮你管理，从这件事情上可以观察到对方的人品到底如何，这种方法也是考量一个人人品的有效办法。

（5）可以用美色试探对方，看对方的反应。从对方对待美色的反应能直接看到他的心性与操守。

（6）劝之以酒，探求真话。酒后吐真言，大多数人在酒后都会将自己真实的想法毫无保留地表现出来。

如果能够将上述的六种技巧熟练地运用到生活中，并在实际运用中收到了意料之中的效果，那你就算是真的掌握了"啄木鸟策略"了。

小事"勤"一点儿，赢得好人缘儿

每个人都想与别人和睦相处，都想为自己赢得一个好人缘儿。这需要你的心中能够想着别人，时刻给别人以尊重与关爱，从日常生活中的一点一滴做起，从那些微不足道的小事上做起。在小事上做得勤一些，时不时给别人一些小的温暖与帮助，久而久之，你自然能够得到别人的认可，在人群中为自己赢得一个好人缘儿。

李丽是一名普通的中年教师。她每天不是第一个到学校的人，也不是最后一个离开学校的人。但她绝对是一个值得信赖的教师。

她的人生信条就是：不放过工作中的每一件小事，做好遇到的每一件事情。无论是班会，还是早操，不管是教室的卫生，还是孩子们的每一次作业，她都是认认真真地对待，踏踏实实地完成。

学期结束时，她既没有在报刊上发表很多的文章，也没有干出什么惊天动地的大事，学校照样给了她很高的奖赏，家长也给了她很高的评价。

在总结工作经验时，她只说了一句话："我干好了学校交给的每一项工作，在工作当中，我没有留下遗憾。"

故事中的李丽没有为自己留下遗憾，那生活中的我们呢？

生活中，许多人不屑于做小事，总是热衷于做出几件惊天动地的大事。可最后依然两手空空，徒留叹息。我们时常会看到这样一些人，他们神色匆忙，把自己弄得手忙脚乱，经常跟人抱怨说："怎么办？时间不够，完不成了，这事太急了！"我们真的有那么多急事吗？事实上，所有的"急事"都是拖延造成的后果。做大事也好，做小事也好，最大的阻碍就是拖延。因此，想要做到"勤"一点儿，首先要改掉的就是拖延的毛病。

要想改掉拖延的坏习惯，你首先必须要勇敢地面对它、正视它；然后要克服因为害怕失败而一拖再拖的习惯，应该强迫自己去做那些一定要做的事情，想象那件事情并不难，这样你就会立即展开行动；另外还要锻炼自己的意志，意志薄弱的人往往喜欢拖延；最重要的是要制定切实可行的计划，对自己每天的生活和工作做出合理的安排，要求自己严格按照计划执行，直到完成为止。只要按照这些方法结合自身实际情况恰当应用，就能收到良好的效果，永远远离拖延这个坏习惯。

在我们周围，大多数人要么对自己过于自信，要么不屑于去做这样的事情，结果就是到最后他们浪费了更多的时间去处理那些微小错误所带来的麻烦。如在建筑行业中，由于一开始的一个数据错误，而管理人员并没有花费时间去检查、纠正，那么最后，当整个工程都结束后，发现它和预期并不一样的时候，已经浪费了很多的时间，而之后还要用更多的时间去重新做。在这个事件中，如果管理人员一开始的时候就重视那些细小的地方，对那些数据多几次的检查，就不会出现这样的错误。

在工作开展之前，花费多一点儿的时间来进行检查，尤其是那些最有自信、最不容易出错的地方，多检查几次，让别人看看，这些都有助于将错误减少到最低。虽然这样做在一开始的时候，可能会觉得有点儿浪费时间，但实际上，这种对时间进行管理的方式，好过于当工作进行到最后的时候，突然发现前面有一个小小的错误导致了无法弥补的错误，这样的话，就要花费更多的时间去弥补这些错误，有时候甚至需要花费更多的时间去找错，而到工作结束之后，找错的工程已经远远大于一开始就进行找错了。

在小事上勤检查、勤反思是做好事情的基础，也是一个人走向成功的开始。

一家大型公司要裁员了，下岗名单公布在公司内部的宣传栏上。内勤部的小灿和小燕都在裁员名单之中。按公司规定，所有被裁人员，一个月后离岗。

第二天上班时，小灿心里憋气，情绪仍然非常激动，她什么也干不下去，一会儿找同事哭诉，一会儿找主任申冤，对于她的本职工作，诸如订盒饭、传送文件、打印资料、收发信件等，全都被扔在了一边。而小燕呢，她昨天得到这个消息后，心里也非常难过，她也哭了一个晚上。但她难过归难过，工作还是继续进行。小燕坐在这里，心想："离走还有一个月呢，工作总还是要做的吧。"于是，她默默地打开电脑，拉出键盘，继续打文稿、通知。同事们知道她要下岗，不好意思再找她打字了。她却并不在意，亲切地和大家打招呼，主动帮大家干一些力所能及的工作。小燕像以往一样，满脸笑容，她说："是福不是祸，是祸躲不过。反正已经这样了，不如好好工作完这个月。在这里一天，就要踏踏实实地干好一天。"同事们见小燕心态如此好，也都像以往一样要她帮忙做这做那，"小燕，把这个打出来，快点，我急用。""小燕，把这个传真发出去。""小燕，帮我把这份资料打印出来。"……

小燕总是连声答应着，手指飞快地点击着，辛苦地复印打印，忙碌着，随叫随到，坚守着她的岗位，坚守着她的职责。

一个月后，小灿如期下岗，小燕却被从裁员名单中删除，留了下来。主任当众宣布了老总的话："小燕的岗位谁也无法替代，像小燕这样对工作认真负责的员工，公司永远也不会嫌多！"

为什么小燕能够被公司留下来呢？是因为她在最后的一个月中，仍然勤于工作，对待许多小事都认真负责，踏踏实实。最终，小燕赢得了个好人缘儿，得到了领导和同事的认可，保住了工作。

因此，我们在日常的生活和工作中，对待小事情都要"勤"一点儿，为自己赢得一个好人缘儿。一个人一旦拥有了好人缘儿，做起事情来就更容易成功了。

要学会团结你的对手

学会利用敌人，在与敌人相处的过程中，有的敌人成了你的朋友，也有的敌人变得更加敌对，但只要能够做成事情，使你获得利益，这又有什么不可以呢？要突破条条框框，一味依靠朋友可能一无所获，如果还要排斥从敌人那里吸取经验，那你可能什么事都做不成，什么成绩都没有，什么利益都没有。这是你想要的结果吗？如果利用敌人并不妨碍你的利益，而且还能给你创造更多的利益，你为什么一定要对敌人的一切都特别排斥呢？

在亚热带，有一个由三种动物组成的非常有意思的生物链：毒蛇、青蛙和蜈蚣。毒蛇的主要食物是青蛙，青蛙却以有毒的蜈蚣为美食，在青蛙面前是弱者的蜈蚣却能够使比自己体形大得多的毒蛇毙命，一般的毒蛇对其都无可奈何，三者间两两都是水火不相容的。有趣的是冬季里，捕蛇者却在同一洞穴中发现三个冤家相安无事地同居一室，和平相处地生活。

它们经过世代的自然选择，不仅形成了捕食弱者的本领，也学会了利用自己的克星保护自己的本领：如果毒蛇吃掉青蛙，自己就会被蜈蚣所杀；而蜈蚣杀死毒蛇，自己就会被青蛙吃掉；青蛙吃掉蜈蚣，自己就成为毒蛇的盘中餐。这样一来，为了生存，青蛙不吃蜈蚣，以便让蜈蚣帮助自己抵御毒蛇；毒蛇不吃青蛙，以便让青蛙帮助自己抵御蜈蚣；蜈蚣不杀死毒蛇，以便让毒蛇帮助自己抵御青蛙。三者相克又相生，这是一个多么美妙的平衡局面。

这个平衡格局有个朴素的道理：有时敌人、对手的存在，往往比消灭他们更有利，能起到更加积极的作用，利用敌人才能达到让自己更好地生存的目的。

以宽容的态度对待敌人，在利用敌人的过程中获得利益，这比敌意十足的对抗更为明智。

众所周知，联想中国在商用、中小客户的业务上和戴尔一直是狭路相逢的老对手。联想却承认自己从对手身上甚至比从合作伙伴身上学到的东西还多：联想从2003年开始就在逐渐修改销售的薪酬体系，把工资加奖金的方式改得更加趋向于业绩导向，逐渐接近戴尔的按照毛利提成；2004年，联想取消了客户经理上班打卡的制度，给予了他们更大的自由度；随着自由度的加大，联想对销售拜访客户的监测也开始完善，现在，联想的客户经理们和戴尔的同行一样，每周要递交上周的拜访汇总，并且按照规定接受上司的直接询问……

"戴尔最值得学习的地方是对流程和客户的管理。"前者完善到一个人只要跟着流程走就能做好销售的地步，后者则成为戴尔判断市场和预测销售最好的武器。这就是联想中国所希望移植过来的戴尔基因。在企业后端的供应链和后台的销售支撑系统上，戴尔的成功之处也正在被联想所参考。

利用敌人而不是抗拒敌人，是联想不断保持发展活力的根本原因之一。一个集团、企业尚且如此，对于我们个人来说，学会利用敌人，才能拥有永不枯竭的前进能源。

在每一天的生活中，谁也不能保证身边没有一些潜在的敌人。当你任由自己卷入人际冲突、玩手段、抢功劳、为小事争吵不休的纷争中，只会耗尽你的精力，影响你的态度。另外，你还会浪费了原本应该用在正事上的宝贵时间。但是换个角度来思考，如果能努力了解别人的动机，你就会发现你的敌人和你之间的相同点远比你认识的多。在他身上，有你所缺少的，需要你学习的，而他带给你的压力正是一种最难得的动力。你所要做的就是敞开胸怀，让抵触情绪彻底消失，坦然地面对他。

你应该勇于承认自己的不对之处。不要总害怕承认自己的不对，以为这样别人就会看不起自己。其实，真正有能力的人是勇于承认自己的不对之处的。即使你的敌人表达这种意思的方式没能让你高兴得跳起来，对对方提出的正确的看法，你也应该乐于承认。这并不意味着每当有过分好斗的人向你发起攻击时，你都要举手投降。你首先应该考虑的是，对方所说的话中包含的信息，而不是说话的人。而且你应该力求客观地对待你得到的意见，即使这种意见不是用一种特别客观的方式表达的。

你应该勤于向敌人学习。要想战胜敌人，就必须向敌人学习，做到知己知彼，只有这样，才能在竞争中立于不败之地。否则，就会在自我陶醉中成为"井底之蛙"。向敌人学习减少了自己探索的风险；向敌人学习还能发现对手的不足，以较小的付出获取较大的利益；向敌人学习更有益于审视自我，扬长避短，发挥优势。学习对手是为了战胜对手。首先了解对手的竞争实力、竞争方法和竞争策略；其次要增强竞争的应变能力，根据竞争需要不断调整应对战术，力求随机应变。只有这样，才能运筹帷幄，决胜千里。

敌人是个重要的参照物，他的存在证明你本人存在的价值。在敌人身上你能看到自己的影子，同是英雄，也就有了理解的基础，有了相互尊重的前提。珍惜敌人就是珍惜自己，宽容对手就是自尊的表现。

做好"间谍"的工作

知道你的对手是非常危险的人，利用间谍收集一些有价值的信息，这会让你先发制人，抢占先机。但最好的依然是你自己扮演间谍。要学着探察情况，间接地问一些问题让人们回答，以此让他们暴露出弱点和真实意图。

　　动物园引进了两只狼，狼很小，园内一时找不到可以供幼狼生活的地方。一位饲养员提议将两只幼狼放到猴山饲养。动物园领导采纳了这一建议。猴子们见来了两个新面孔，一时不知所措，都不敢轻举妄动。刚开始，小狼总是摆出一副凶狠的样子，一声嗥叫，猴子们立刻躲到树上去。狼对着树上的猴子，瞪着两眼，一点办法也没有。猴王若有所思，派遣一只身手敏捷的大猴去"刺探"敌情，发现狼不会上树这个秘密。猴子们放下心来，它们开始挑逗狼，甚至故意惹怒狼，因为大家都知道，只要爬到树上就没事了。猴群公然与小狼抢夺食物，还有意跳到狼身上狼咬几口，然后一哄而散。狼与猴子相处时间长了，嚣张气焰一点也没有了，只有被动挨打的份儿。

　　猴子从怕狼到平视狼，再到欺负狼，就在于猴子掌握了一条最有价值的信息：狼不会上树，并充分利用这一点占尽优势，将可怕的敌人踩在脚下。

　　任何人都有其弱点，和人竞争就要找到其弱点并攻击。提高你的获胜几率的最好的方法之一就是分析你的对手，针对他的特点，用你的长处去对付他的短处。这是在现行社会里取胜的真本事。

　　每个人的思维信仰、生活习惯、学历阅历、脾气秉性、素质修养等都是不同的，如果我们善于分析这些信息，就能做到充分了解对手，知道他的优点和缺点、长处和短处，就会有针对性地选择应付他的方法。

　　摆出朋友的姿态去了解对方，实际上却在做间谍的工作，这将帮助你识破一个人的真伪，洞悉他内心深处潜藏的想法，以不变应对万变，使你在人生的旅途上左右逢源。

　　中国有句很好的格言："相由心生。"对于这里所说的"相"，我们应该从广义上去理解，它包括一个人的言谈、体态、神情、兴趣、习惯等方面，一个人无论他有多么高明的掩藏术，但上述这几方面的"相"总会不以他的意志为转移地泄露他的内心。只要你掌握了这些规律，就可以抓住对方的蛛丝马迹，进而全面而准确地判断他的内心。

盯住对手的弱点不放

每个人都有弱点，每一座城堡的墙壁上也都有裂缝。弱点通常是一种不安全的、不可控制的情绪或者需求，它也有可能是一个小小的隐秘的喜好。不管是哪一种情况，一旦找到对手的这个弱点，它就有可能成为你牵制对方的工具。

汉代的朱博本是武将出身，后来调任地方文官。他利用一些巧妙的手段，制服了地方上的恶势力，被人们传为美谈。在长陵一带，有个大户人家出身的人名叫尚方禁。他年轻时曾强奸别人的妻子，被人用刀砍伤了面颊。如此恶棍，本应重重惩治，只因他大大地贿赂了官府的功曹，不但没有被革职查办，反倒被调升为守尉。

朱博上任后，有人向他告发了此事。朱博立即召见了尚方禁。尚方禁心中七上八下，硬着头皮来见朱博。朱博仔细看尚方禁的脸，果然发现有疤痕，就让侍从退开，假装十分关心地询问究竟。

尚方禁做贼心虚，知道朱博已经了解了他的情况，就像小鸡啄米似的接连给朱博叩头，如实地讲了事情的经过，请求朱博的原谅。他头也不敢抬，只是一个劲儿地哀求道："请大人恕罪，小人今后再也不干那种伤天害理的事了。"

"哈哈哈……"朱博突然大笑道,"男子汉大丈夫,本是难免会发生这种事情的。本官给你个立功的机会,你会效力吗?"

于是,朱博命令尚方禁不得向任何人泄露这次的谈话内容,要他有机会就记录其他官员的一些言论,及时向朱博报告。尚方禁俨然成了朱博的耳目。

自从被朱博宽释并重用之后,尚方禁对朱博的大恩大德铭记在心,干起事来特别卖命,不久,就破获了许多起盗窃、强奸等罪案,使地方治安情况大为改观。朱博于是提升他为连守县县令。又过了一段时期,朱博突然召见那个当年收受尚方禁贿赂的功曹,对他进行了严厉的训斥,并拿出纸和笔,要那位功曹把自己受贿的事全部写下来,不能有丝毫隐瞒。

那功曹早已吓得像筛糠一般,只好提起笔写下自己的斑斑劣迹。

由于朱博早已从尚方禁那里知道了这位功曹贪污受贿的事,看了功曹写的交代材料,觉得大致不差,就对他说:"你先回去好好反省反省,听候裁决。从今后,一定要改过自新,不许再胡作非为!"说完就拔出刀来。

那功曹一见朱博拔刀,吓得两腿一软,又是打躬又是作揖,嘴里不住地喊:"大人饶命!大人饶命!"只见朱博将刀晃了一下,一把抓起那位功曹写下的罪状材料,将其撕成纸屑扔了。

自此后,那位功曹终日如履薄冰、战战兢兢,工作起来尽心尽责,不敢有丝毫懈怠。

所谓"打蛇打七寸""抓刀要抓刀柄",要让人受制于己,就要抓住别人的短处和把柄。

朱博的睿智之处在于他非常善于抓住别人的弱点大做文章,即使是如尚方禁这样的恶人,也一样有自己的软肋,用他最为担心、恐惧的事情来要挟他，便不难将其制服。

许多老谋深算的人都知道，抓刀要抓刀柄，制人要拿把柄。在对手身上发现了弱点，就让他为我所用，这种方法往往能产生奇效。

要想找到一个人的致命弱点或软肋所在，就要摸清他的底细，将其看个清清楚楚，明明白白。

西汉宣帝时，赵广汉为京兆尹，为首都长安的父母官。

赵广汉上任时，长安的治安形势一度混乱，百姓受害的事时有发生，官匪勾结十分猖獗。面对严峻的状况，赵广汉召集心腹属下说："我上任伊始，并不熟悉此中内情，想打击犯罪，也不知从何下手，何况情况不明，乱下重手只会引起混乱，我想让你们暗中侦察，把盗贼的踪迹摸清。"

心腹属下面有难色，他们说："盗贼行踪诡秘，出入不定，即使用力也难有成效。从前官员都是有事打压，无事清闲，大人何必自讨苦吃呢？"

赵广汉表情严肃，他郑重道："盗贼不绝，根源乃在我们不晓根底，从前官员不尽职所致。我志在剿除盗贼，自然不能和从前官员一样无为了，这是我的命令，违者必惩！"

赵广汉命人暗中详查，表面上故作轻松，盗贼们以为赵广汉碌碌无为，于是放下心来，放胆胡为。一时之间，盗贼蜂拥而出，长安治安形势更坏。

朝中大臣上疏指责赵广汉失职，无比愤怒地说："京城盗贼横行，京兆尹赵广汉却放纵不管，不知他是何居心。赵广汉定与盗贼勾结，望陛下彻底肃查。"

汉宣帝也怒气冲冲地质问赵广汉说："朕深居宫中，都听说了城外盗贼横行之事，你有何交代吗？"

赵广汉叩头不止，连声说："陛下不要担心，请让臣把话说完，贼情不明，轻举妄动便会打草惊蛇，这也是臣最担心的。臣故意装作不闻不问，只是想让盗贼悉数暴露，以便臣的属下全然摸清盗贼的状况，查清他们肇事的根源，以及那些和他们勾结的差吏收取了多少贿赂。只有将这些情况都搞得明明白白，才能一网打尽他们，让他们无法抵赖。陛下放心，臣已广布人手，侦知此事，过不了多长时间，便是盗贼的末日了。"

汉宣帝听罢，不再责怪赵广汉，他不无担心地说："朕暂且相信你一次，你还是好好把握时机吧。"

不久，已经全然掌握贼情的赵广汉四面出击，每击必中，长安盗贼被肃之一空了。

赵广汉在摸清盗贼的底细之前，绝不贸然行事，打草惊蛇。在一切情报了然于心，时机完全成熟时，才果断出击，从而一击奏效。

把对手的底细摸透，了如指掌，始终是战胜对手的一个重要前提。一个人的实际状况是不会轻易显现的，这需要耐心细致的调查和取证才能搞清，在此不下大工夫是不行的，没有捷径可走。没有底牌可出的对手是最脆弱的，在他们的要害处轻轻一击，也就致命了。清楚他们的虚实，便会掌握他们的动态，从他们的弱点下手，被动的就不会是自己。

不妨投放点诱饵

如果有必要的话，不妨利用一些诱饵，当对手吞下香饵之时，他将放弃抵抗，乖乖就范，为你所用。同时，要小心别人为你施放的诱饵，切勿因小利而让自己成为任人宰割的对象。

汉高祖刘邦在天下大定之后，在一片等待论功行赏的气氛当中，却只先分封了20多名功劳不大的部将。其他在他眼里说大不大、说小不小的部将，如何分封都还在斟酌考量中。

那些自恃功劳不凡的部将无不伸长脖子，望眼欲穿，生怕论功不平、赏赐不公，天天红着眼珠，大眼瞪小眼，一个个焦虑难安。不仅同僚之间钩心斗角，与刘邦之间也衍生出相当紧张的气氛。

刘邦非常苦恼，于是便唤张良前来，想听听他的想法。张良有些沉重地回答他说："陛下来自民间，依靠这些人打得天下。过去大家都是平民百姓，平起平坐。现在你成为天子之后，先分封的人大部分都是世交故友，所诛杀的都是关系较疏远的人，不然就是得罪你、让你看不顺眼的人。这样下去，难免会有人心生反意。"

刘邦听了之后，面色凝重，便问张良如果真有这么严重，该怎么办？

张良想了一下，先反问刘邦说："在这些一起打天下的部将当中，你最讨厌的人是谁？这个人不被陛下喜欢的原因，最好又是大家所熟知的事。"

刘邦回答说："雍齿常常捉弄我，他是我最讨厌的人，我想这也是大家早就知道的事情。"

张良马上提出建议："那么，今天就先将雍齿封为王侯。这样一来，我看就可以解除一些不必要的疑虑，安定大家的心了。"

刘邦采纳了张良的建议，立刻宣布将雍齿封为"什邡侯"。

这件事果然产生了良好的效果。在这些人看来，连皇帝最讨厌的人都有糖吃了，我们还有什么好担心的呢？于是，君臣之间的紧张关系自然得到了暂时的缓解。

一个小小的官职让昔日不满刘邦的雍齿从此也死心塌地，甘为刘氏天下效犬马之力。

讨好一个人容易，控制一个人困难。但从张良这个妙计看来，其实并非如此，只要抓住对方的心理，洞察对方内心的想法和需求，而后讨好他；或者在某件事上给予对方一点好处，投下一个诱饵，对方就会从心理上贴近、跟从你，这时你就可以控制对方，为己所用了。

有人说，人都是利益动物。这话虽然有失偏颇，但诱饵有时确实能产生神奇的效果。

想要更好地下诱饵，最关键的是投其所好。想通融事，必先通融人。不先把人"搞定"，就不会把事搞定。而"搞定"人的方法有很多，"投其所好"便是最有效的方法之一。俗话说："不怕对方不上套，就怕对方没爱好。"

世上所有的事都是由人酌办的。所以，与其苦心地琢磨事，不如尽心竭力地琢磨人。如果能够将对方的脾性爱好摸得一清二楚，只要顺其意行事，就能达到事半功倍的效果。

有一个政客，想在东北谋一个美差，曾经请了个有势力的大老板，把他推荐给张作霖，张作霖也表示同意委以重任。可一等再等，委任状迟迟不来，急得那个政客像热锅上的蚂蚁。

有一次他遇到了一位旧友，此人正好是张作霖的顾问。这位政客把自己的处境告诉了他，请求他催催张作霖。

旧友为他出了个主意，带他来到某总长家陪张作霖打麻将。

这位政客是个聪明人，一点就透，又是个打麻将的老手，不到一会儿工夫，就巧妙地"输"给张作霖2 000元。

爱面子又贪心的张作霖心花怒放，还以为是自己牌运好，天公作美。那政客开了支票，付了赌资，匆匆去了。

那个旧友就顺势吹捧起来："大帅，您今天这牌打得太棒了！"

张作霖吸了口烟，笑着："哪里，碰运气罢了！"

旧友话锋一转："今天那一位可输惨了!他也只是个客人，他这次来这里，是想谋一个差事的。"

张作霖听了，把烟枪一搁道："他是你的朋友，那就把支票还给他得了，咱们一千、两千的也不在乎!"说着就装模作样去口袋里掏支票。

旧友连连摆手道："使不得，使不得，他也是个要面子的人，输了的钱，他绝不会收回的。他在前清也是一个京官，还有些才干呢!大帅要可怜他，就周全周全他，给他个什么职司，他就感激不尽啦!"

张作霖突然想起了什么，拍拍脑袋道："噢，想起来了，某老也曾经推荐过他的，我成全了他吧!"

旧友忙道："那我先替他向大帅谢恩啦!"

政客只用了2000元的诱饵便轻而易举地达到了目的，看来，要想让人为我所用，下钩时一定要先看准位置，能够让对方真正满意，他才会甘心入套。

在社会上，很多事情都是经过精心运筹才办成的。人常说，要想谋事，必先谋人。人不通，事也不通。那么，怎样才能把人搞定呢?方法当然有很多，给一点好处把人搞定却是世人常用之法。

那些深晓"钓人"秘诀的纵横家，就像钓鱼专家一样，手提钓钩来到深深的水边，只要轻轻地抛下鱼钩，就能钓上大鱼来。"饵"中带"钩"，让敌人悄然不觉，贪"饵"中"钩"，便可制住对手。

"钓人"和钓鱼有某些相似之处。钓鱼，要知道什么鱼爱吃什么食料;在下钩之前往往要考虑决定钓什么鱼投什么饵。草鱼爱草，下草饵;青鱼爱田螺，下田螺肉;鲫鱼爱蚯蚓，下蚯蚓……"钓人"，要知道对方爱什么，要考虑投什么诱饵。生性贪婪的人，以财货为诱饵;放荡好淫的人，以美色为诱饵;好大喜功的人，以满足虚荣为诱饵;贪功图名的人，以权力为诱饵……总之是投其所好巧下诱饵，才能诱其上钩。

利用投降方式，把劣势转化为力量

春秋时期最后一个霸主——越王勾践，是一位著名的政治家和军事家。

勾践刚刚即位的时候，吴王阖闾趁越国政局不稳之际兴兵伐越，勾践起兵抵抗，打败吴军，阖闾受箭伤死于回国途中。其子夫差即位后，时时不忘杀父之仇，用了两年多的时间练兵。

勾践听说吴王夫差日夜练兵，打算抢先讨伐吴国。谋臣范蠡劝他不要仓促行事，勾践不听，率军攻吴。吴王亲率精兵反击，越军大败。勾践带着剩下的5 000人逃至会稽山，被吴军包围。勾践非常后悔，这时范蠡为他出了个主意，让大夫文种贿赂伯嚭，向夫差请求称臣纳贡，暂时投降。夫差答应了勾践的请求，但要勾践夫妇到吴国为他服役。

勾践抵达吴都，夫差有意羞辱他，要他住在阖闾坟前的一个小石屋里守坟喂马，有时骑马出门还故意要他牵马在国人面前走过。勾践忍辱负重，小心伺候，做到百依百顺，胜过夫差手下的仆役。夫差生病，勾践前去问候，还掀开马桶盖观察夫差刚拉的大便，了解夫差的病情。3年过去了，由于勾践尽心服侍，再加上伯嚭不断在夫差耳边为他求情，夫差认为勾践已真心臣服，决定放他们回国。

勾践回到越国后，为了激励自己不忘报仇雪耻，卧薪尝胆。为使国家富强，勾践采纳了范蠡、文种提出的"十年生聚，十年教训"之策，要范蠡负责练兵，文种管理国家政事，推行让人民休养生息的政策。国家奖励耕种、养蚕、织布，尤其鼓励生育，增加人丁。勾践与百姓同甘共苦、同心同德，越国迅速恢复生机，国力日渐强盛。

同时，勾践又采取许多办法麻痹吴国，造成吴国内耗。勾践年年按时给吴国纳贡，使夫差始终相信他是真心臣服；并派出奸细刺探吴国的消息，散布谣言以离间吴国君臣关系，使夫差杀害忠良；勾践又以越国遇灾害为由，不时向夫差借粮，使吴国粮食储存减少，而越国则储备充足；探知夫差要建造姑苏台，勾践派人运去特大木料，说是"神木"，夫差非常高兴，扩大了姑苏台的设计，使吴国更加劳民伤财；勾践又施美人计，为夫差献上美女西施。夫差得到西施，极其宠爱，甚至言听计从。

吴国日渐衰败，勾践认为时机已经成熟，于是趁夫差率精锐部队北上黄池会盟的机会，率5万大军攻打吴国，吴军大败，太子阵亡。这时，夫差打败齐国，正约晋、卫、鲁等国在黄池（今河南封丘县西）会盟，当上了霸主。接到消息，十分懊丧，只好派伯嚭向越求和。勾践和范蠡认为吴国还有实力，一时消灭不了，答应讲和，退兵回国。

不久勾践乘吴国大旱、国内动荡的机会，再次攻吴。吴王夫差被越军长期围困，力不能支，派使节袒衣膝行向勾践求和。勾践于心不忍，正要应允，范蠡上前说："大王您忍辱受苦20余年，为了什么？现在能一旦抛弃前功吗？"转头又回绝使节说："过去是上天把越国赐予吴国，你们不受；今天是上天以吴赐越，我们不敢违背天命而听从你们的请求。"吴王夫差见大势已去，自刎而死。

在战场上，为了打胜仗，往往要先避敌锋芒，退避三舍。有的时候，暂时的投降也是一种麻痹敌人的有效策略，在敌人放松警惕的时候为自己赢得一个保存实力、积蓄力量的机会，这是一种生存智慧，也是一种战场艺术。暂时的投降让勾践扭转劣势，并最终击溃吴国；我们为人处世也一样，成功的人生离不开适时的"投降"。

初涉人世时，人们大都不谙世事，只会冲撞，不懂投降，结果往往碰壁，吃了不少苦头。

然而，大多数人在碰壁后，"吃一堑，长一智"，慢慢学会了暂时投降，暂时低头，暂时认输，结果却踏上了通畅的人生之路。但是，也有一些人总也不懂投降，结果处处荆棘，四面楚歌，甚至身败名裂，抱恨终生。

大凡不会投降的人，都以为激流勇进才是英雄，而向人低头则是"窝囊废"。其实，在不丧失原则的前提下，暂时向对方认输，比硬着头皮坚持作战，把自己送上死路要高明得多。古人云"能屈能伸者，大丈夫也"。

所以，当你处于弱势地位的时候，不要为了所谓的荣誉而争斗，而要适时选择投降。投降会给你时间以东山再起，卷土重来；投降会给你时间让征服你的人感到烦恼，让他们受到来自于你的刺激；投降会给你时间去等待征服者的力量逐渐消失。

第七章

照应：做凡人时需要结交"贵人"

商场上，依靠别人不是一件丢人的事情，在其他行业里也是如此。通常情况下，年轻人追求个性，习惯什么问题都靠自己，这是好事。可是，很多事情并不是只靠自己的能力就能完成的，借助他人的力量才能将事情做好的时候，我们就应该懂得"大树底下好乘凉"，借助他人的力量，为自己创造更多的价值。

成功不能没有照应

有了政治势力的撑腰，经商的过程自然会一顺百顺，这是亘古不变的经营之道。

胡雪岩本是浙江杭州的小商人，他不但善于经营，也会做人，常给周围的人一些小恩惠。但小打小闹不能使他满足，他一直想成就大事业。他想，单靠纯粹经商是不太可能出人头地的。大商人吕不韦另辟蹊径，从商改为从政，名利双收，所以，胡雪岩也想走这条路子。

王有龄是杭州一介小官，想往上爬，又苦于没有钱做敲门砖。胡雪岩与他也稍有往来。随着交往加深，两人发现他们有着共同的目标。王有龄对胡雪岩说："雪岩兄，我并非无门路，只是手头无钱。"胡雪岩说："我愿倾家荡产，助你一臂之力。"王有龄说："我富贵了，绝不会忘记胡兄。"

胡雪岩私自做主，将别人还给钱庄的钱留下，转借给了王有龄。王有龄去京师求官后，胡雪岩仍然操其旧业，对别人的讥笑并不放在心上。

当了大官的王有龄自然没有忘记以前帮助他的胡雪岩。几年后，王有龄身着巡抚的官服登门拜访胡雪岩，问他有何要求，胡雪岩说："祝贺你福星高照，我并无困难。"

王有龄是个讲交情的人，在他的帮助下，胡雪岩开了家贩运粮食的商号，而且用自己手中的权力为胡雪岩大行方便。

依仗着官势，胡雪岩在商界的生意越做越大，于是萌发了开钱庄的念头。

可是，众所周知，没有雄厚的资本，开钱庄谈何容易。胡雪岩当时的经济实力并不强大，在外人看来，开钱庄简直就是一个笑话。但是，胡雪岩利用王有龄职务之便，代理海运公款规划，为自己筹得了一笔款项，又赢得了声誉、信用，创立了无形资产，可谓一举两得。同时，他还利用王有龄在官场的势力，代理公库，用公家的银子开自己的钱庄。不到两年工夫，钱庄的生意就红红火火了。有了这个钱庄，他有了更大的财势，也有了更多扩张的资本和发展的机会，加上王有龄这个官声好、升迁快的大后台，胡雪岩发现自己的面前呈现出一个全新的世界。

有了王有龄这张庇护网，粮食的购办与转运，地方团练与军火费用，地方厘捐丝业，各方面的钱都往胡雪岩所办的钱庄里流了。胡雪岩深谙官场势力对自己巨大的保护作用，因此他继续帮助那些有希望、有前途的官员，从而巩固自己的地位。

商场上，依靠别人不是一件丢人的事情，在其他行业里也是如此。通常情况下，年轻人追求个性，习惯什么问题都靠自己，这是好事。可是，很多事情并不是只靠自己的能力就能完成的，借助他人的力量才能将事情做好的时候，我们就应该懂得"大树底下好乘凉"，借助他人的力量，为自己创造更多的价值。

实力不够，躲在别人的"房檐"下，才能更好地储存实力，获得发展，在这一点上宝德就做得很好。宝德早在1993年便开始做起了服务器的分销服务业务，在华南地区拥有很多技术服务人员和网络。6年的辛勤耕耘，尽管也有成功的喜悦，但始终未能获得质的飞跃，直到李瑞杰看到了和Intel合作的大好前程。

李瑞杰相信，宝德能够帮助Intel更好地实现战略构想。由于用户类型不同，用户的需求也不完全相同。有些用户对于价格非常敏感，有些用户迷恋最新技术，而有些用户需要稳定成熟的解决方案。这就要求厂商能够针对不同的用户提供不同的服务，这并不是一件容易的事情。宝德的出现弥补了市场的不足，也使得Intel能够在最短的时间内满足更多用户的需求。虽然从Intel获得了技术上的支持，但宝德还需要将这些技术转化为产品并推向市场。

宝德在业界发展方向上与Intel保持高度一致，Intel推出真正的IA架构服务器，宝德就在市场上向"伪服务器"宣战；Intel推出功能服务器，宝德就提供各种商品化功能服务器产品；Intel发布至强处理器，宝德就力争缩短步入主流服务器行列的时间。

李瑞杰坦言，宝德之所以有今天，离不开Intel的支持。李瑞杰的聪明之处就在于，他一直欣赏Intel Inside的这种精神。如果Intel只是卖芯片，不可能取得今天的成就，它靠帮助别人成功来发展自己，而李瑞杰也通过这一点，依靠巨人的肩膀站了起来。

名不见经传的小企业想要迅速发展壮大，最有效的方法就是借助"巨人的肩膀"来站得更高，看得更远。一个没有足够实力的人，只有找个强大的靠山，才能为自己赢得更好的发展空间。所以，不要害怕依附于别人，只有躲进别人的屋檐下，才能储存更多的实力，获得更好的发展。

寻找一位"衣食父母"

给自己找一位"衣食父母"，他可能是一位光彩夺目的出众之士，如果能得到他的欣赏，你做起事来自然如同顺水行舟，省心省力的同时，也更容易达到自己的目标。所以，在了解那些贵人的基础上，投其所好，主动逢迎，不但能够得到他的赏识，没准儿还能成为他的知己，自然也就可以长期依附下去了，将他的光和热转变为实实在在的利益，纳入自己的口袋。

清朝的官场中历来靠后台，走后门，求人写推荐信。军机大臣左宗棠从来不给人写推荐信，他说："一个人只要有本事，自会有人用他。"左宗棠有个知己好友的儿子，名叫黄兰阶，在福建候补知县多年也没候到实缺。他见别人都有大官写推荐信，想到父亲生前与左宗棠很要好，就跑到北京来找左宗棠。

左宗棠见了故人之子，十分客气，但当黄兰阶一提出想让他写推荐信给福建总督时，登时就变了脸，几句话就将黄兰阶打发走了。

黄兰阶又气又恨，离开左相府，就闲踱到琉璃厂看书画散心。忽然，他见到一个小店老板学写左宗棠的字，十分逼真，心中一动，想出一条妙计。他让店主写柄扇子，落了款，得意洋洋地摇回福州。

在参见总督的时候,黄兰阶手摇纸扇，径直走到总督堂上，总督见了很奇怪，问："外面很热吗？都立秋了，老兄还拿扇子摇个不停。"

黄兰阶得意地把扇子一晃："不瞒大人说，外边天气并不太热，只是我这柄扇是我此次进京，左宗棠大人亲送的，所以舍不得放手。"说完还故意将扇面上的题字呈给总督看。

总督吃了一惊，心想：我以为这姓黄的没有后台，所以候补几年也没任命他实缺，不想他却有这么个大后台。左宗棠天天跟皇上见面，他若恨我，只消在皇上面前说个一句半句，我可就吃不住了。看那题字，确系左宗棠笔迹，一点不差。总督闷闷不乐地回到后堂，找到师爷商议此事，第二天就给黄兰阶挂牌任了知县。

黄兰阶不几年就升到四品道台。总督一次进京，见了左宗棠，讨好地说："您的门生黄兰阶，如今在敝省当了道台了。当真是少年才俊，前途不可限量啊。"

左宗棠笑道："是嘛！那次他来找我，我就对他说：只要有本事，自有识货人。老兄就很识人才嘛！"左宗棠万万没有想到自己早已成了黄某人的靠山，助他攀上高枝，直上青云。

黄兰阶能够官拜道台，是以左宗棠这个大贵人为背景，让总督这个小贵人给他升了官，实在是棋高一着的鬼点子。当然，欺世盗名、瞒天过海，是应该遭受谴责的，清朝的官场腐败也令人惊诧而痛恨。

但黄兰阶为人之机巧、精明却可以成为我们学习的典范。与其凭借自己的单薄力量一条路走到黑，不如提早发现生命中的贵人，借这位"衣食父母"的光彩与热量，为我们打开一条平坦的通道。这既可减少痛苦摸索的时间，也将大大减轻碰壁带来的创伤。

从积极的角度看，借贵人之力快速成长并不卑鄙，相反，还可称得上是一种难能可贵的人生智慧。

贵人的引荐和提拔往往就是强有力的敲门砖，能够为自己赢得更多的机会和广阔的舞台，充分地释放自己的才华，做到"怀才有遇"，从而为自己进一步实现人生价值奠定基础。

这样的"衣食父母"在现实生活中，也许就是你的师傅、教练、顶头上司。

不论在什么行业，把年轻人"扶上马再送一程"向来是传统，这种情况在体育界、演艺界更是如此。没有背景来头，没有靠山撑腰，不是名门之后，凭自己崭露头角，谁认识你是谁啊？"背靠大树"固然不是成功的唯一因素，但却一定可以让你少走弯路、错路，让你少费力气，少做无用功，从捷径走向成功。

话又说回来，如果一个人一无所长，是很难得到"大树"赏识的。即使侥幸获得成功，也肯定有一堆人等着看笑话。"大树"也会比较谨慎，选择一个"扶不起的阿斗"，那不明摆着往自己脸上抹黑吗？

"伯乐相马"，同时"良禽择木"，所以双方可以各取所需，以诚相待，投桃报李。

站在巨人的肩头才能看得更远

一个人的发展是需要有一定的靠山作支撑的，所谓站在巨人的肩头才能看得更远，才会更加成功，生活中的巨人就是工作环境中的上司与老板，那么，能否处理好与老板的关系，决定着你能否把握住自己发展的机会。所以，你一定要学会做老板的得力助手，维护好与老板的关系，将老板纳入自己的人脉网，它的重要性，我们在前面一章也提到过，在这里我们不再赘述，主要讲一些如何跟老板建立一个比较好的关系的技巧，让老板为我们"服务"。

1. 尊重领导意见，巧妙提出自己的看法

尊重领导意见，保持对领导尊重，处处替领导着想，切不可流露出对上司意见不屑一顾的神色，一定要把谈论工作同个人的能力或尊严区别开来，时刻留意，不能把对工作的看法误当做对人的看法；也不能让对方误解，认为自己对领导本人有看法。只要上级感到，你仍然是维护他的权威，你的意见是针对工作而非是借工作之名进行人身攻击，他们多半会冷静下来，仔细研究你的看法，如果合理，甚至会采纳。

我们不妨借鉴一下这方面大师级的人物——豪斯。

威尔逊作为美国第28任总统，能力过人，也非常自负，往往瞧不起别人的意见，甚至根本不予理睬。但有一个人例外，就是他的私人助理豪斯。想看看豪斯的绝招吗？其实豪斯也曾遭受到无情的拒绝，总统曾告诉他："在我愿意听废话的时候，我会再次请你光临。"功夫不负有心人，聪明的豪斯经过苦心研究，终于找到了向上司进言的方法。其实也是一次偶然的机会，豪斯很吃惊地听到总统正把数天前自己的建议，作为总统本人的见解公开发表，此事使豪斯顿悟，他得出结论：在提建议时一定要避免他人在场，要悄悄地把意见移植到总统的心中，让总统自己把这一天才的构思公之于众，让大家相信这是总统本人想出的好主意。豪斯运用这种方法使总统毫不犹豫地批准了许多重大的计划。豪斯在若干年后回忆说："我不愿意称那些计划是我的，并不仅仅出于讨总统喜欢。我的计划充其量是一棵树种，要长成参天大树必须有土壤、水分、空气和阳光。只有总统才有这些条件把树种变成大树。我只不过把种子移到了总统心中。"

在现代社会中，"面子"是很重要的，而且"为尊者讳"，他们的面子更为金贵。在公司里，如果你不顾及领导的面子，总有一天会吃亏的。因而，老于世故的员工从不轻易地在公共场合指出领导的错误，这样既能满足领导的虚荣心，又能使自己得到领导的赏识，这种对双方有利的事情，何乐而不为。

2. 手脚要勤快，头脑要灵活，随时随处帮领导分忧解难

任何工作都不可能是一次性完成的，都可能会遇到这样或那样的挫折与障碍。作为领导，统管全局，责任重大，压力也最大，某些工作可以凭借自己的能力或以往的经验就能办成，而有些工作则需要群策群力才能解决。这时，如果下属除了干好本职工作外，还能及时伸出援助之手，帮领导出谋划策，共同渡过难关，对于领导来说犹如雪中送炭，他肯定会十分感动的。这样的帮助，包括诸如当商品销路出现堵塞、打不开销路时，利用自己的社会关系，联系销售渠道；当上级需要某一方面的人才时，帮助物色、推荐。

再有就是，若能帮助领导发挥其专业水准，对你必然有好处。例如，领导经常找不到需要的资料，你就替他将所有档案系统地整理好吧；要是他对某客户处理不当，你可以得体地代他把关系缓和；如果他最讨厌做每月一次的市场报告，你不妨代劳。这样，领导觉得你是好帮手后，自然会重用你，你自己也可以多积累一些工作经验。

3. 多长一个心眼，做好领导的"信息搜集站"

为领导提供综合性的信息，这是身为下属义不容辞的责任。由于领导主要关心的是决策问题，那么大量信息的汇集、整理、筛选与剔除就要交给下属去承担。那些善于观察体会，能够正确理解领导的意图，为其提供所需的信息的下属，才会"搔痒搔到正痒处"，为领导解决关键性问题，获得领导的赏识。无疑，这会大大促进领导与下属的情感，缩短距离，建立一种和谐、默契的上下级关系。

这就决定了搜集信息的工作，不仅要强调综合性，还要注重独特性；不仅要实干，还要巧干。这样才能抓住要点，突出重点，解决难点，真正做好工作，赢得领导的好感。

如果遇到领导没有明确、却正在思考的问题，你就应发挥主观能动

性，变被动工作为主动工作，去发现它，并提供相关的资料。

只要你心思细腻，善于观察与领会，是不难发现领导正在关注的问题的。你可以对下面几个方面加以关注，这些方面有：领导在正式场合中的讲话，对哪些问题做出了强调；领导在私下谈话里对哪些问题发表过看法，褒贬如何；领导在文件批文中作过哪些删节、改动和指示；领导最近喜欢阅读哪些方面的书籍报刊、对哪些部门的活动比较留意……这些问题有时还是尚处开端，没有形成系统的思路和观点，因此，你有必要关注，使之成为有根有据、符合实情的东西。

下属在给领导提供信息的时候还应注意本着实事求是、有利于工作的原则，既给上司讲"好消息"，也给上司说"坏情况"，才便于领导全面掌握情况，正确决策。这是对领导忠心耿耿的表现，聪明的领导会领会到部属的这种良苦用心，从正反两方面的意见中总结出正确的结论。

4. 与领导的沟通，"鲜花、掌声"不能少

自古谋者多重视造势的作用。《孙子兵法》有云："激水之疾，至于漂石者，势也。"替领导造势是一种十分有效的参与方法。把尚待决定的决策当做已决定的事实，并且营造出热烈的气氛，可以极大地鼓励领导者作出决策。领导者在正常情况下本来就有意为之，现在大势如此，领导者自然乐得乘势而起，借势而作，顺势而成。但是替领导造势同时也要承担很大的风险：一旦这种行为产生了恶劣影响，破坏了工作大局，后果将难以设想。另外，如果造势过盛，难免引起领导者的反感，虽对大局有利，但对造势者恐怕不利。所以，替领导造势要慎之又慎，只可用于两种情况：一是不得已而为之，二是必然要为之。

5. 对领导一定要多加肯定

适当宣扬上级的优点就是对领导最好的肯定。这跟"拍马屁"有着本质的不同。"拍马屁"是虚情假意，空穴来风。而这里的宣扬长处则是以客观存在为标准，实事求是。对绝大多数领导来说，之所以能够走上领

导岗位，一定是有他可以凭借的资本，否则他的上级就不会信任他，提携他，群众也不会投他一票。善于发现领导的长处，不仅有利于自己的进步，而且可以促进下属与领导关系的和谐。如果大家都对自己的领导的优点了如指掌，那就会更加尊重他，努力配合他的工作，而领导如果有这样的一些下属，也就不会摆架子，会多为下属着想，关心他们的生活，那这个团体还会不上进吗？当然，无论是谁都不会忽视你这个桥梁的。尤其是你的领导，会对你更加重视，说不定下一个提升的就是你呢？

6. 扮演好"耳边风"的角色

正所谓"智者千虑，必有一失""当局者迷，旁观者清"，再精明再细心的领导也有疏忽大意的时候，就连神仙都有打盹的时候更何况凡人。一个小小的疏忽，有可能给领导者的工作带来许多被动，甚至使工作蒙受不必要的损失，受到上级的批评。作为下属，应努力留心领导在工作中出现的疏忽，并帮助其查漏补缺。提醒领导时，要注意三点：一是建议要透明。要尽量做到具体实在，不能泛泛而论，否则会让领导一头雾水。二是理由要具体。领导在设计一个方案时通常是经过深思熟虑的，如果你想完善或改进方案，一定要有充足的依据和理由。三是方法要巧妙。方法得当，不但让领导更容易接受你的建议，而且会使领导明白你为之解围的良苦用心。

微信的成功在于平台

在信息发展如此快的今天，每个人手里拿的大多数都是智能机，智能机的发展造成大家忽略了短信这个功能，从而转向微信。

微信，这款支持发送语音短信、视频、图片和文字、支持多人群聊、仅耗少量流量的手机软件，堪称中国2011年度最火热的移动互联网应用。从2011年1月诞生到该年底，用户已经超过5000万，其中2000万是活跃用户。商场里、校园里、马路上，拿着手机做"对讲机"的，很可能就是其用户中的一个。微信蹿红速度甚至超过新浪微博，业内已公认其为中国移动互联网领域最成功的产品之一。

在互联网这个瞬息万变的行业，快速开发、应需而变非常的重要。做好核心功能快速推向市场，根据反馈，在现实中改进、细化。在用户厌倦之前，以新功能带来新鲜感。这样，产品可以随着用户成长，而带来最佳用户体验、既有趣又实用的产品才能为企业带来长久的利益。

微信也曾试过，第一次推广就用了"免费发短信"为卖点，虽然借助腾讯平台，瞬间通知了广大人民群众，但是没什么人响应。估计电信移动的各种套餐已经让大家不大在乎短信的费用了。于是微信的二次推广改为"语音发短信"，还是没有什么人响应，估计大家还很眷恋文字短信的魅力，发惯了文字短信的人会知道，文字其实比说话省力气，表达更有质量。特别是年轻人，四十几秒一条短信，比说话不慢。

精准定位

微信产品的精准定位，是建立在多年的产品经验之上的。微信的灵魂人物张小龙先生有十多年的互联网产品经验，从foxmail到QQ邮箱和微信，一直致力于用简单的规则构造复杂世界。他对微信精准的定位是微信成功的首要因素。"当时小龙注意到国外的Kik这款应用，他立刻认识到这是一个重大的机会，当即写信给公司领导说希望做这样一个项目。公司领导认可了他的判断，于是我们立刻着手来做这件事情。"微信技术总监周颢这样说。

懂产品

从模仿的角度来说，腾讯是一个很懂产品的公司。这使得腾讯模仿的每一款产品都能够稳定在一个既定的水准上，类似那种工厂化的产品开发。这使得腾讯在产品层面上不会出太大的问题。对于其他大部分也是模仿国外应用的小公司来说，要达到类似的水准其实需要更长的磨合期。

微创新

微信的成功至少部分上应源于投入。在微博上的颓势，使腾讯对这一新兴潮流不敢怠慢，QQ邮箱团队的大批研发人员随之转入微信部门。微信2.0发布前后，阅读空间项目组更是全部移师微信。这使微信研发团队总人数达到200人，这几乎已经与整个小米科技的规模不相上下。

执行力

你看，同样是模仿国外出现的某个新的互联网产品，假如一个大公司在稳定性、微创新和执行力上都做得不差，甚至比初创公司做得更好的时候，初创公司还有什么可抱怨的呢？即使你有一个原创的好想法被大公司复制成功了，那你仍然无需抱怨——很可能关键的原因是你的点子太简单了，或者你没有把这个好点子做出门槛。

准确的风格定位

对于微信的成功，微信负责人张小龙称微信的审美原则是"简单即美"。张小龙说，"即便功能很复杂，也要以最简单的方式呈现出来。如果一个产品做了太多的功能，说明它没有抓住最本质的需求。"张小龙眼中的好产品有如下标准：第一，简单不复杂；第二，用户体验好；第三，反应速度快；第四，抓到核心需求，并把需求通过最合理的方式展现。

微信功能看上去不复杂，用手机网上发短信、发视频、发音频。比传统发短信好在不用交短信费（只需要很少流量费），不光可发文字短信，还可发语音短信。但凭这两点优势就能把原来用短信、用QQ的人挪到微信上来吗？要知道人们对于使用惯了的东西是有依赖性的。

从头打造移动互联网

如何在短时间内累积大量用户数，是每个SNS产品诞生之初都无法避免的问题。作为腾讯公司布局移动互联网的核心产品，微信发展初期借助QQ关系链，将用户的QQ好友、邮箱好友以及手机通讯录好友等社交关系链整合到产品之中，积累了一定数量的用户群，但这只是一个种子。

更轻松的沟通体验娱乐至上

一款好的产品，一定要有吸引用户的亮点功能，微信的"动画表情""Emoji表情""自定义表情"以及"石头剪子布&扔骰子游戏"功能使得这款产品除了具有社交沟通功能，更具备娱乐化的属性，带来轻松的用户体验。

在用微信聊天过程中，用户可根据自己的喜好与心情，选择恰当的图案作为聊天界面的背景。在不同的场景与意境中与不同的人聊天，将会是怎样一种情景呢？另外，闲暇时通过微信与好友玩玩石头、剪刀、布和扔骰子的游戏，即便大家相隔两地，微信也不会让人感觉距离遥远。

一款产品的成功，不在于功能的多寡，也不在于宣传的花哨，关键是要有能够打动用户的小细节，微信这款产品，从用户体验出发，寻找到与用户生活娱乐相关的结合点。"语音对讲""查找附近的人""摇一摇""漂流瓶"等功能在满足用户对沟通强烈渴望的同时，也帮助用户拓展了关于沟通形式与深度的思考。

不要等有钱了再创业

很多时候，我们都希望机会更成熟时再去做，等有足够多的钱再去创业，可足够多的钱又是多少？这在意识里可以，但在实际中就不能，因为在任何一项工作中、在任何一个位置上，你所面临的机遇总是稍纵即逝的，如果你让每件事都完美无缺，那么，最好的办法就是不做。创业也是如此，不能等着自己攒够了钱。

2012年，王健林在哈佛大学演讲时说过一句话：什么清华北大，不如胆子大，什么哈佛耶鲁，不如自己敢闯，胆子大比什么都强！

王健林认为，读的书再多，水平再高，如果不敢闯，不敢试，就永远都不可能成功。的确，没有敢闯敢试，再好的创意、再周密的计划，也都只是纸上谈兵，唯有把握机会、放开手脚，才会看到成功的曙光。

古人有一句话，"富贵险中求"，这句话也受到王健林的青睐。

王健林的父亲是一位职业军人，拥有可供其回味终生的熠熠生辉的经历。在创业之前，王健林已经拥有一份值得他骄傲的履历：与中国很多杰出的民营企业家一样，王健林有着职业军人的出身。15岁那年他就成为了沈阳军区的一个"娃娃兵"。在接下来的18年中，他以令人艳羡的速度一路升迁，28岁的时候就已经成为了正团级的军官。

军队给予了王健林很多东西，他洞悉了信念、纪律和执行力对一个组织的重要性，并在之后的创业和经营中将这些理念发挥到了极致。1986年，32岁的他响应国家"百万裁军"的号召，毅然离开部队。转业担任了大连西岗区政府办公室的主任。成为了公务人员后，他的天地一下子变得开阔许多。

王健林在"主任"的位置上仅仅干了两年，1988年时，他终于在焦躁中作出了决定：他不甘心在公务员的位置上庸庸碌碌地走完自己一眼便能看到头的一生，他要摆脱束缚，去干点富有创造和挑战的事情。

当时，西岗区房管处下属一个刚成立不久的房地产公司，因总经理的经济问题负债几百万，濒临破产。这是一个人人避之唯恐不及的"烂摊子"，但王健林愣是不曾犹豫就主动请缨接下了这个"烂摊子"。年底的时候，王健林注册了大连市西岗住宅开发总公司。

"在当时，注册房地产开发公司的资金最少要100万，王健林就跟大连房屋开发公司借了100万元，还要扣除20万元的利息及50%的担保。在当时既没有办公场地，又没有工作人员，有的只是区政府淘汰的双座农用车，可谓是赤手空拳打天下。"曾有一家媒体这样描述道。

这样生死未卜的挑战，多数人都避之唯恐不及，但王健林却大着胆子，抱住了这个可能是机会也可能是炸药的"定时炸弹"，随后他凭着微小的创新每平方米多卖了400块钱，获得了成功。

"拆迁回迁问题复杂、成本高，没人愿意干，我们是大连的第一个。"他曾对一个采访者谈起将当年的棚户区改造成大连今天著名的"北京街"那段往事，"确实挣了不少，钱哗哗地来！800多套房子，一个月就卖完了，一下子挣了1000多万！"

在这之后，王健林的胆子越来越大，他承接的项目的规模也越来越大，随之带来的利润也越来越多。他开始在大连进行大规模的"旧城改造"，用了两三年时间就使自己变成了"大佬"。

与其等着饿死，不如拼命求生

最好的事情，是有难处的时候有一座山靠着；最坏的事情，就是你一直靠着的这座山倒了。

尽管通过依附左宗棠，胡雪岩东山再起，可是也是因为这个靠山，让胡雪岩处处受人排挤，最终倒了店铺，破了家财。

左宗棠是一个生性孤傲的人，他认为自己一向清廉、公正、正直，所以谁也不怕，谁的账都不买。这样的为人，在官场上是很容易得罪人的。且不说他对曾救过他一命的曾国藩的无礼，单就是对李鸿章和荣禄，他就把人彻底得罪了。

左宗棠从西北赶回京城，可是到了城门口，守城的人却拦住了他们，不让进城。守城的人都是眼尖的人，他们想着，这些从外地回来的官员，早就捞足了，跟他们要点儿开门费，也是理所当然的。

跟随的小厮，为了不耽误大人的时间，掏了银子就往守门人的怀里揣，可是却被左宗棠喝止了，他下令要夺了守门人的腰刀，摘下他们的顶子。守门人一看，是左大人，都吓坏了，赶紧跪下来求情。

左宗棠厉声说："去告诉荣禄，左宗棠没有这份买路钱。"说完，就返回去找胡雪岩了。

胡雪岩劝左宗棠息怒，可是他怎么也消不了气，就写了一个折子，要参荣禄一本。正写着的时候，荣禄来到了胡雪岩家，想要见左宗棠，可是他说什么也不肯给荣禄说话的机会，坚持把折子写完。这样的做法，也让夹在中间的胡雪岩两面不是人，从此与荣禄结下了梁子。

第二天早朝，李鸿章直言新疆地广人稀，不值得浪费那么多兵力，还是撤出来强化海防好。左宗棠听了，说他愿意誓死保护大清朝的每一寸土地，即使战死沙场，也在所不惜。慈禧太后听了，大喜，任命左宗棠为钦差大臣，规定从那一刻起，三年内不得参左。

下朝后，李鸿章差点气得吐血。三年不参左，难道三年之内都不可以说左宗棠一个"不"字？想来想去，他都咽不下这口气，就找来了部将，商议怎么扳倒左宗棠。

有人建议说，左宗棠的身边，胡雪岩起着很重要的作用，如果扳倒了胡雪岩，就等于斩断了左宗棠的左膀右臂，到时，他再想跟大人斗，恐怕也没有那么大的力量了。李鸿章觉得这是一条好计，于是从这时开始，北洋派系的人集中全力，对胡雪岩围追堵截，让他在生意场上逐渐败下阵来。

很多人羡慕胡雪岩能够找到左宗棠这么一个强有力的靠山，殊不知，正是因为左宗棠，胡雪岩才会在以后的发展道路上屡屡受阻，最终被革了职，倒了店，破了财。由此可见，找到一个靠山并不是从此就高枕无忧了，还要看你的靠山会不会在以后的发展中成为你的障碍。

在生活中，我们也常常需要借助别人的力量来实现自己的目标，但是在请别人帮忙之前，一定要认清这个人会不会成为你未来的障碍，如果对自己影响过大，那么我们不妨离他远一些，不然我们迟早有一天会跟着他一同走向失败。

与其等着饿死，不如"卖身"，意思很明显，就是遇到阻碍，应该变换发展的方向。

涉世之初，给过我们帮助或者教诲的人，我们应该记住他们的好，可是，如果在他们的身上已经看不到发展的前景，那么就应该转换自己的方向，寻找新的出路。

一个刚毕业的大学生，到一家公司去应聘。公司的老板和蔼可亲，对他照顾有加。很快，他通过了公司的面试，进入公司。

工作后，老板依然对他很照顾，每次他有什么不懂的问题，老板都会直接给予解答。在老板的关爱下，年轻人进步得很快。渐渐的，这家公司的空间已经不足以满足他对前途的渴望了，以前积累的经验，让他每天都工作得很轻松。

年轻人很渴望到外面的世界去锻炼一下自己，可是又觉得老板对自己很好，不忍伤害老板的这份心，所以一直留在了这家公司。

转眼十几年过去了，曾经的满腔热血，都已经化为了乌有。可是，年轻人的心里始终留有一个缺憾，那就是没有到外面去闯一闯。

　　最初，因为没有经验，所以能够给我们启蒙的人，就成了我们的"大恩人"。可是，随着经验的增长，社会阅历的增加，我们就会渐渐地不满足于最初的空间了，而是向往更广阔的天空。如果我们还因为对于最初的"恩人"的感念而没有办法抉择，那么我们也只能抱憾终生了。

　　我们应该始终以发展的眼光看问题，对于不能再支撑自己发展，或者已经成为自己发展的阻碍的人，就应该放弃，重新寻找自己的发展方向。在这里，我们说的放弃，不是说要忘恩负义，而是情感上依然可以沟通，但发展道路已经不再依附了。

第八章

团队：选择正确的
合作模式

　　除了强调团队意识，队员间相互扶持之外，西点军校还要求学员共同承担责任。西点认为，军队是一个整体，而一个人犯错，就可能会导致整个军事行动受挫，甚至是失败。所以在西点军校，常常出现"一人犯错，全队受罚"的现象。

团队与队友的力量无往不胜

有人说过：如果非得要说有什么力量是无坚不摧的，那我相信应该是拥有极强的凝聚力的团队。

蚂蚁能够战胜大象吗？有些人看到这个问题，便忍不住笑了，说："这怎么可能？蚂蚁怎么可能会战胜大象呢？这个问题实在太荒谬了。

然而，这一问题的正确答案是一个字：能！蚂蚁能够战胜大象！

在非洲的大草原上，如果见到羚羊在奔逃，那一定是狮子来了；如果见到狮子在躲避，那一定是它们遭遇到了象群；如果见到成百上千的狮子和大象在慌乱中集体逃命的壮观景象，那就意味着蚂蚁军团光临了！

蚂蚁军团何以如此强大？要知道一只小小的蚂蚁毫不起眼呀！一只蚂蚁的确不起眼，但是几十万只，甚至几亿只，几十亿只蚂蚁就起眼了，狮子、大象都要害怕了！这么多的蚂蚁组成了一个庞大的蚂蚁军团，就仿佛无数滴小水珠汇成一条溪流乃至汪洋大海，其力量也具有了毁灭性，足以摧毁大象这等庞然大物。

这个故事告诉我们，团队的力量无往不胜！

优秀的西点人深谙这个道理，所以特别注重团队意识的培养。精诚团结这一优秀的素养，使得西点获得了许多意想不到的成就和荣誉。西点军校有着悠久的历史和光荣的传统，有着名人辈出的教育团体，特别注重对学员们灌输集体精神。西点军校的学员遍布美国社会的各行各业。西点人用西点人，帮西点人，成就西点人，这似乎成为了每一个西点人的自觉行动。

所有的西点人都有着高度的团队意识，他们明白无论是否在战场上，拆散的箭总比捆起来的箭容易折断。当学员还没有走出校门的时候，西点军校里就流行着一句话："精诚团结直到毕业。"在这里，大家信奉的是，团结一致可以创造出一种集体观念的气氛。军官在人行道上相遇，总是彼此问候致意；学员之间总是互相帮助；这是一种基本素养，更是西点军校长时间形成的习惯。

在很多情况下，别人之所以会尊重你或者对你有所忌惮，并不是因为你自身，而是顾虑你所在的强大的团队。如果你脱离了所在的团队，你可能就会发现自己原来那么弱小。正所谓"团结就是力量"，当弱小的一群个体组成一个庞大的团队的时候，就会爆发出巨大的能量。

除了强调团队意识，队员间相互扶持之外，西点军校还要求学员共同承担责任。西点认为，军队是一个整体，而一个人犯错，就可能会导致整个军事行动受挫，甚至是失败。所以在西点军校，常常出现"一人犯错，全队受罚"的现象。

每年秋季，大雁都要飞到南方过冬，因为它们忍受不了北方的寒冷。然而，山高路远，路程岂止千里？它们是如何及时飞到南方的呢？

事实证明，大雁是有智商的，它们没有选择单飞，而是集体飞行，而且还别出心裁地选择一种特殊而有效的飞翔队形："V"字形。这种队形能够保证它们飞跃万里山河，最终抵达温暖的南方。

有关专家经长期研究得出结论：当雁群排成"V"字形时，将比孤雁单飞提升了71%的飞行能量！当一只大雁拍击翅膀时，同时会为后面的大雁制造上升的气流。领头的大雁没有无穷无尽的能量，当它感到疲累而无力领军的时候，它就会退到"V"字形队伍的后方，正所谓"退位让贤"，让另一只体力充沛的大雁担任领头雁职务。后面的大雁则会不停地发出"嘎嘎"的叫声，为领头雁呐喊助威。

如果某只大雁不小心掉了队，马上就会感到独自飞行的强大阻力。因此，这只失群的孤雁将会很快地寻找自己的团队并重新回到队伍中去。有时候一只大雁之所以掉队是因为生了病或者受了伤，在这种情况下，总会有两只大雁随同它一起飞落到地面上，协助并保护它，直至其康复，然后它们再组成小型的"V"字形队伍，直到加入新的雁群，或者追赶上自己先前的部队。

对于大雁来说，相互之间的合作不仅仅是一种精神，更是一种生存的技巧。如果某只大雁企图脱离团队而选择单飞，常常会遭受到重大的阻力和困难，以至于无法继续飞行。可以说，大雁因融入团队而求得生存，因脱离团队而险阻重重。由许多只大雁组成的雁群会克服重重困难，最终到达温暖的南方。

团队精神就是大局意识、协作精神与服务精神的集中体现。团队精神的基础是尊重个人的兴趣和成就，核心是团结合作，最高境界是全体成员的向心力、凝聚力，目标是获得集体的荣誉，反映的是个人利益与集体利益的统一，并进而保证组织的高效率运转。

团队精神的形成，并不要求团队成员牺牲自我，恰恰相反，挥洒个性、表现特长才是一个优秀团队的体现，而明确的协作意愿和协作方式则产生了真正的内在动力。

在团队之中，整体是第一位的，但是不管什么样的整体都是由个体构成的。忽略了个体的创造性与灵活性是要不得的，更是无法取得胜利的。西点军校深知这一点，所以特别强调在发挥团队精神的作用的前提下，要注重个体创造性。

在今天，团队精神已经成为每个渴望成功的人的必备素质，尤其是对于一个企业来说，更需要团队精神。一个企业如果渴望具有高度的竞争力，那就一定要有一个完美的团队。团队精神是看不见的堡垒，团队意识就是同心合力、团结共进、群策群力、众志成城！

一个优秀的团队应该是一个有机整体，有一个共同的荣誉目标，并为这一目标而努力奋斗。一个团队之中，各个成员相互依存，相互影响，并且协调合作，追求集体的成功，从而使个人价值也得到体现。团队精神可以使团队保持旺盛的生命力，各成员齐心协力，锐意进取，一起飞向灿烂美好的明天！

"人心齐，泰山移"，这是中国的一句老话，而西点军校却用实际行动对这句话做出了完美的阐释。为了获得长足的进步，我们应该学习西点人的团队精神。

懂得合作，1＋1将大于2

一位哲人曾说：你手上有一个苹果，我手上也有一个苹果，两个苹果交换后，每人仍然只有一个苹果。但是，如果你有一种能力，我也有一种能力，两人交换的结果，就不再是一种能力了。一加一等于二，这是一个最简单的算数题。然而，在合作的力量下，一加一有可能大于二。团结就是力量，这是再浅显不过的道理了。

在广袤的非洲大草原上，三只小鬣狗一同围追一匹大斑马。面对着身材高大的斑马，三只两尺多长的小鬣狗一拥而上，一条小鬣狗咬住斑马的尾巴，一只小鬣狗咬住斑马的鼻子，无论斑马怎么挣扎反抗，这两只小鬣狗都死死咬住不放，当斑马前后受敌、疼痛难忍时，一只小鬣狗就开始啃它的腿，终于，斑马支撑不住倒在了地上。一匹大斑马就这样被三只小鬣狗吃掉了。

三只小鬣狗之所以能够击败大斑马，不仅由于它们自身的优秀，还在于它们组成了一支优秀的团队，并分工协作，致力于共同的目标。当今社会，企业分工越来越细，在现实的企业竞争环境中，任何人都不可能独立完成所有的工作，也不可能只凭个人的力量来大幅地提升企业的竞争力，每个人所能实现的仅仅是企业整体目标的一小部分，因此，团队力量的发挥已成为赢得企业竞争胜利的必要条件，团队精神日益成为企业文化的一个重要因素，一个优秀的团队可以使企业更快地实现其经营目标，使企业获得更高的顾客满意度。

著名管理大师罗伯特·凯利说："企业的成功靠团队，而不是靠个人。"在今天竞争如此激烈的全球市场环境下，好的团队对于任何一个组织或企业来说都是至关重要的。那么，究竟该如何打造一支好的团队呢？要了解这个问题，我们首先要搞清楚团队的含义。

美国著名的管理学家斯蒂芬·罗宾斯认为：团队就是由两个或者两个以上的，相互作用、相互依赖的个体，为了特定目标而按照一定规则结合在一起的组织。

从严格意义来讲，团队是由员工和管理层组成的一个共同体，它合理利用每一个成员的知识和技能协同工作，解决问题，达到共同的目标。通俗些来讲，所谓团队，就是一群有着共同目标的人，各自发挥自己所擅长的技能，产生一加一等于二的能量，从而达到共同的目标。

在理解团队的概念时，我们要特别注意，要从本质上区分团队和群体。很多管理者无法区分什么是团队，什么是群体，以至于管理工作中出现了脱离组织的小圈子或者个人主义，对集体成长产生了影响。实际上，团队和群体的本质区别就是成员之间的协作性。团队成员之间是互相配合、共同进步的，但群体之间有着个人的目标，不一定会彼此协作。

比如，每到端午节的时候，很多地方盛行赛龙舟，每条龙舟上的成员就组成了一个团体，他们有着共同的目标，会互相协作、配合，尽自己最大的努力完成团队夺冠的目标。再比如，每到旅游旺季的时候，很多旅行社会组团去一些景区旅行，每个旅行团都有很多人。虽然这是一个团，但并不是我们所说的团队，只是一些来自五湖四海的人因为共同兴趣组成的一个临时群体，成员之间并不会有共同协作的意识。

区分开了团队和群体之后，我们应该知道，团队最核心的因素就是协作。因此，在一个团队中，大家不是什么都会，也不需要全能，只要每个成员发挥自己的长处，齐心协力完成团队工作，就可以达成团队目标，实现团队愿景。在团队中，每个成员不必为自己的短板而烦恼，因为个人的短板会由擅长的人去填补，而你要做的就是发挥好你所擅长的技能。要知道，你所擅长的，或许是别人的短板。

团队成员之间互相配合，发挥自己的能力，取长补短，这是一个好的团队的基本要求。虽然没有完美的个人，但完美的团队还是可以创建的。再好的领导也不可能单枪匹马地取得成功，他需要一个好的团队的支撑才能实现企业目标，这就是所谓的"一个篱笆三个桩"。

2010年有一部热播的电视剧《张小五的春天》，张小五独身来到北京开始打拼，经过努力有了自己的一个团队，一支由十几个人组成的装修队伍。在她30岁的时候遭遇了人生的危机：未婚夫另觅新欢舍她而去，公司周转不灵发不出工人工资，房东嫌她拖欠房租将她赶了出去，合作方结束项目，欠款远走他乡，家里亲戚为了讨钱也对她穷追不舍……面对这一件件无奈的生日"礼物"，张小五没有放弃拼搏，没有被压垮。

她的名言是"没有爬不过去的山，没有趟不过去的河"，被赶出来以后，她带着自己的装修团队暂住在天桥下的大卡车里，一边尽力追讨欠款，一边寻找项目，挽救濒临破产的装修公司。而这期间支持她的是她手下的团队，十几个人组成的团队，这些人坚定不移地团结在一起，不放弃不解散，坚定地站在张小五的身后，支持她的每一个决定。到最后，她的公司起死回生，在团队的坚持下终于有了自己的第一笔业务，业务成功之后公司转入正轨，开始了新的征程。相反地，跨国公司温氏集团资金雄厚、实力不凡，但是到最后在金融危机的冲击下差点宣布破产。究其原因，最主要的是其内部纷争，领导和员工的不协调不合作，甚至猜忌、陷害，挪用团队的资金。团队内部的不和谐直接导致了这家跨国公司的破产危机。

在这个案例中，张小五领导的团队堪称完美的团队。她带领团队成员取得成功的经历告诉我们，一个人的智慧永远比不上一群人的智慧，更是让我们知道了团队的重要性。团队协作是企业最大的成功秘诀，因为在这个世界上，没有完美的个人，只有完美的团队。

与人搭档创业成功的例子很多。比尔·盖茨1973年进入哈佛大学法律系学习，19岁时退学，与同伴保罗·艾伦创办电脑公司，直到后来创办了微软公司，自任董事长、总裁兼首席执行官。杨致远和戴维·费罗同在斯坦福大学从事研究，两个人邂逅并结交成了最佳搭挡，创办了闻名于世的雅虎网络公司。乔布斯发明"苹果"电脑，也是与人合作创造出辉煌业绩的。创业中至少两人是忠诚搭档，共创大业成为一种"现象"，给予我们的启示是，当创业之初"踩着地雷"向前走时，有个知音患难相伴，共同承担风险和分享利益是明智之举。

社会上合作成功的范例不少，因为合作成功而发展起来成为大企业家大老板的更不少。不过也有合作失败的，我们也要吸取那些合作失败者的教训。

王志东告别方正后，准备移民新加坡，在办出国手续的空暇，他又做出一个全新的中文平台——中文之星。这个软件被他一位北大同学看到，立刻建议共创公司，王志东出技术，那位同学出资金，王志东一激动停办签证，1992年4月，新天地电子信息研究所成立，因当时没有《公司法》便注册为集体所有制。

大家公推王志东出任法人代表，他坚辞不干，中文之星本应申请为王志东的专利，他却诚心诚意地登记为公司发明。王志东给自己的定位是副总经理兼总工程师，主管技术，那位同学出任总经理。

王志东的初衷是以软件开发为公司的主业，而其他人的思路则是把软件作为一面旗帜，借此融资炒股票和房地产。在实际运行中，中文之星软件一夜成名随即盈利，而房地产却没挣到钱，在调整公司发展方向时，王志东坚持以软件开发为主，与几位合作者发生分歧。

后来矛盾发展到了水火不相容的地步，1993年8月13日，不得已王志东递交一份辞职书，黯然离去，他什么也带不走，把为之倾注大量心血的中文之星的源代码交了出去。他为当初天真的想法付出的惨重代价。王志东感伤良久，他说："我找了一条最难走的路，当我重新站在起点，顾影自怜，身上已是一道道伤痕。"

王志东的教训在于他没有学会与人合作（包括没有选择好合作伙伴）。与人合作不是没有必要，而是必须会合作。合作的好，1+1=2或1+1>2；合作不好，1+1=0或1+1<2，就是这个道理。

商场上，今天是你的竞争对手，说不定同时或者今后会是你的合作伙伴。商场上不一定要把问题搞得那么僵，各自后退一步，也许就海阔天空，跟战场一样，不战而胜为上。商场上不要什么弦都绷得太紧，人要留有余地，要站得高，看得远。在很多情况下，你说是"让利"，实际不是，而是共同取得更大的利益，是双赢。

借助他人的力量，取得成功

聪明的人总会利用别人的力量获得成功。优秀的管理，不在于你多么会做具体的事务，因为一个人的力量毕竟是有限的，就算浑身是铁才能打几根钉？只有发动集体的力量才能战无不胜，攻无不克。领导者尤其要注重加强培养自己驾驭人才的能力。

许多经理人虽然懂得放权的重要性，但是仍然不放心将一些工作放手让下属去干，他们认为自己才是最能胜任这项工作的最佳人选，从工作中获得一种满足感。但问题在于当下次遇到同样的工作时，他的下属仍然不懂得如何去做，或者下属本来就能胜任这项工作，但由于他的上司从来不给他们单独完成工作的机会，所以他们总也得不到锻炼。这是严重的，反过来会挫伤他们的积极性，他们认为这是上司对自己不信任的表现，也找不到工作的乐趣和成就感，久而久之，他们对这种缺少挑战的工作环境就会感到厌倦，或者养成一种不愿意承担工作和责任的惰性，或换到另一个公司工作。因为他们希望不断地挑战工作，挑战自己。他们不喜欢领导把自己当成机器人，更不喜欢被闲置。

用人的基本原则就是组织别人做事或授权他人做事。但需要注意的一点，授权固然重要，但授权给谁，授权的幅度如何，却是授权者应该慎重考虑的，授权给一个不能胜任这项工作的人或是授权过度，也是一件冒险的事情。

大家都知道诸葛亮草船借箭的故事，很多事情不是我们自己力量就可以解决的，因此，只有学会借用别人的力量才会取得成功。而现实中像诸葛亮一样神机妙算的智者实在是太少了，很少有人懂得借用别人的力量来成就自己的成功。

"孤掌难鸣"，一个初入社会的人，必须寻求他人的帮助，借他人之力，才能够使自己方便。令人惊奇的是，蚂蚁也同样懂得这样的道理，它们和蚜虫、粉蚧以及其他动物取食共生，相互借助，相互利用，使各自都能得到相应的回报。

著名的钢琴家肖邦以他的音乐天才令世界都为之惊叹。可是在他成名之前，由于他的作品不为人们所知，导致肖邦一贫如洗，常常陷入困顿之中。最后，他借助别人的力量改变了他的命运。他在一些场合结识了一批音乐名流，如意大利歌剧宠儿罗西尼、巴黎音乐院院长凯罗比尼以及拉兹维尔王子。一日，他们邀请肖邦去参加罗斯恰尔男爵家中举办的社交晚会。正是在这个晚会上，肖邦获得了一生中极难遇上的机会，从而彻底地改变了自己的命运。一夜之间，肖邦的音乐天赋得以充分展示，并一举成为名人。上流社会将他推上音乐的巅峰，还有许多贵妇人都为他倾倒，争相要求当他的学生。

世界著名的指挥家洛林·马泽尔，30年来指挥过125个交响乐团。这位吸引众人目光的音乐奇才将自己的名声与成就归功于朋友。他说："我是一个非常热情的人，我有好多朋友，我的成功是与别人的力量分不开的！"

由此可以看出：人生的成功离不开他人的力量。人与人之间的交往与互助是成就事业与幸福人生不可缺少的基础。成功者都善于借力、借势去营造成功的氛围，从而攻克了一件件难事，为他们的成功铺平了道路。

最重要的是，成功者还明白各种关系的良好互动，这是借力的第一步。举个例子来说，世人都说创业难。难道创业真的那么难么？以往人们强调自主创业，但现在很多人的观念开始改变，关系在创业中的作用逐渐加大，并日益成为创业信息、资金、经验的"蓄水池"，有时甚至在商业活动中起到了四两拨千斤的神奇功效。现在"朋友经济"在招商中的作用也日益显现。

在现在提倡双赢的时代，单枪匹马的做事方式显然越来越不适应时代的需求。扩大社交圈，通过朋友掌握更多信息、寻求更大发展，日益成为成功创业的捷径。在你创业的过程中遇到困难的时候，他人的力量是你最大的资源！

狄德罗曾说过："人是一种坚强与软弱、理智与盲目、渺小与伟大的复合物。"在不同的朋友身上可以看到各种自己没有的优点，看到的越多越是了解自己的渺小，然而透过友谊却能将不同的优点集合在一起。有钱又慷慨的朋友可以向他借钱；头脑灵活反应快的朋友可以请他提供点子；身强体壮的朋友可以请他帮忙搬家，就像孟尝君门下各有所长的食客总能在适当的时候为他解决难题，所以不管办什么事，只要肯借助他人的力量，就会取得事半功倍的效果。

某人在一家公司做人力资源主管的时候遇到了一件棘手的事，公司里的一位员工在出差的时候摔折了胳膊。这样的事情以前从未发生过，公司怎么处理这件事，是否该赔付，赔付多少合适，没有先例。因这件事涉及到员工的利益，老板要求这位主管尽快地处理，拖沓足以说明公司对这件事不重视。要妥善处理这件事，必须兼顾到公司和员工利益，对内对外都决不能留下任何隐患。这位主管一时无从下手。最后半天的时间，他想到了外援。他给做人力资源的朋友们打电话，这些朋友给他提供了至少10条有用的信息，根据这些信息，他马上拿出了这个事件的处理意见，还写了部门处理类似事情的流程一同上报。老板对此给予了极高的评价。"那时我也常常参加人力资源各方面的活动，认识了许多的同行，虽然大家没有固定在哪个时间见面，但却经常通过电话沟通一些信息，一个无形的关系网就这样形成了。如果说谁有什么不懂的地方，只要打一个电话，大家都会积极热心地帮助。另外在专业方面，通过他们来帮助也不会出问题。"

一个人，不管他的能耐有多大，他的智慧和才能都是有限的。唯有借助他人的能力和智慧，取长补短，为我所用，才能达到双赢的境界。

常言说得好：一人事，一人知，一人行，可谓独断专行；二人事，二人知，二人行，可谓合作无间；大家事，大家知，大家行。可谓众志成城。可见，在办事时借助他人力量的重要性。

一天，佛陀带领弟子们来到大江边，江水汹涌澎湃。佛陀俯身拾起一块石头，问弟子们："我把这块石头扔在江中，你们说，它是浮着，还是沉没？"弟子们不知佛陀葫芦里卖的是什么药，都不作声。心想："这么简单的道理还用问吗？"只见佛陀一扬手，将石头掷了出去，石头落入江中。弟子们只好如实回答："石头沉没了。"

佛陀叹息了一声，说："是啊，这块石头没有缘分啊！"经佛陀这一说，弟子们更加莫名其妙了。

接着佛陀又说："有一块石头，三尺见方，将它放在江中，不但没有沉没，而且还过江而去，大家知道这是怎么回事吗？"弟子们搜索枯肠、冥思苦想也不得其解。

佛陀说："其实很简单，因为那石头有善缘。"

那么，什么是石头的善缘呢？原来是船。石头放在船里过江，自然不会沉没。人生也是如此，只要遇上善缘，获得他人的相助就能"过江"，获得成功。

有一个聪明的男孩，他的妈妈带着他到杂货店买东西，老板看到这个小男孩很可爱，就打开了一罐糖果，要男孩自己拿一把糖果。

但是，这个男孩却没有做任何动作。几次邀请之后，老板不得不亲自抓了一把糖果放进他的口袋中。回到家，母亲好奇地问小男孩，为什么没有自己去抓糖果而要老板抓呢？小男孩回答说："因为我的手比较小呀！而老板的手比较大，所以他拿的一把糖果一定比我拿的多很多！"

这是一个聪明的孩子，他知道自己的能力有限，而更重要的，他明白别人比自己强，只有借助他人的力量他才能吃到更多的糖。

凡事不能只靠自己的力量，学会适时地借助他人的力量，这是一种谦虚，也是一种智慧，更是一种能量。

学习协作性竞争的新模式

大卫·李嘉图说过，两个人都会制造鞋子和帽子，其中一个比另一个在两个行业都占有优势，但是，在生产帽子方面，他仅能以1/5或者说20%的优势超过他的竞争者，而在生产鞋子方面，他胜出对手1/3即33%；为了双方的利益，何不让这个具有优势的人专门生产鞋子，而另一个处于劣势的人专门生产帽子呢？

一位牧师请教上帝：地狱和天堂有什么不同？

上帝带着牧师来到一间房子里，看到一群人围着一锅肉汤，每个人都是抓耳挠腮、急不可耐，地上洒满了汤汁。牧师看到他们手里都拿着一把长长的汤勺，因为手柄太长，谁也无法把肉汤送到自己嘴里。每个人的脸上都充满绝望和悲苦。

上帝说，这里就是地狱。

上帝又带着牧师来到另一间房子里。这里的摆设与刚才那间没有什么两样，唯一不同的是，这里的人们都拿着汤勺把汤舀给坐在对面的人喝，彼此喂食。他们都吃得很香、很满足。

上帝说，这里就是天堂。

在这个案例中，两间房里的人是同样的待遇和条件，为什么地狱里的人痛苦，而天堂里的人快乐？原因很简单：地狱里的人只想着自己，没有团队意识；而天堂里的人不仅考虑自己，还想着别人，在团队意识的引导下彼此合作，实现了共赢。

成员之间的信任。信任，是一种很特殊的情感寄托，是一种共同的感觉，也是一种高尚的情感，更是连接人与人之间的纽带。在团队里，要想成员之间齐心协力、良好合作，每个成员之间首先要相互信任，达到心灵上的一种沟通与默契，然后才能在共同目标的引导下去奋斗。我们可以毫不夸张地说，只有在信任与被信任同时提升的情况下，我们才能获得情感与物质上的双重快乐，才能更好地生存和发展下去，才能更好、更快地实现团队目标。

管理学者都很清楚，信任是团队的基石，是一个团队存在的基础。成员间相互信任是成功团队的显著特征。也就是说，在一个好的团队里，每个成员对其他人的品行和能力都确信不疑，确定每个成员都可以很好地配合自己并努力去完成团队目标。

黑熊和棕熊喜食蜂蜜，都以养蜂为生。它们各有一个蜂箱，养着同样数量的蜜蜂。有一天，它们决定比赛看谁的蜜蜂产的蜜多。

黑熊想，蜜的产量取决于蜜蜂每天对花的"访问量"。于是它买来了一套昂贵的测量蜜蜂访问量的绩效管理系统。同时，黑熊还设立了奖项，奖励"访问量"最高的蜜蜂，但它并没有告诉蜜蜂们它这样做是在与棕熊比赛，它只是让它的蜜蜂比赛每日的"访问量"。

棕熊与黑熊的想法不一样。它认为蜜蜂能产多少蜜，关键在于它们每天采回来的花蜜有多少——花蜜越多，酿的蜂蜜也就越多。于是它直截了当地告诉众蜜蜂：它在和黑熊比赛看谁产的蜜多。

它花了不多的钱买了一套绩效管理系统，也设立了一套奖励制度，重点奖励当月采花蜜最多的蜜蜂。如果这个月的蜂总产量高于上个月，那么所有蜜蜂都会受到不同程度的奖励。

一年过去了，两只熊比赛的结果是：黑熊管理的蜜蜂产的蜂蜜不及棕熊得到的蜂蜜产量的一半。

看完故事，很多人会想，同样是采用了激励手段，买进了绩效系统，两个团队也同样尽力去做，但为什么结果差别这么大？

黑熊的团队里，为了增加自己的"访问量"，成员之间对信息进行保密，各自寻找各自的花朵，没有进行信息互通，团队意识缺乏。

而棕熊带领的团队就不一样，它能有效地带领团队，充分调动团队的积极性。首先，它的团队明白竞争对手是谁，它还告诉自己的成员，若这个月的花蜜产量高于前一个月，那么所有的蜜蜂都可以获得不同程度的奖励。这样，棕熊的团队为了采集到更多的花蜜，成员之间会进行分工合作。

比如，嗅觉灵敏，飞得特别快的蜜蜂负责打探哪儿的花最好最多，然后回来告诉力气大的蜜蜂一起到那儿去采蜜，剩下的负责将采集到的花蜜储藏，并将其酿成蜂蜜。虽然，采集花蜜多的可以获得更多的奖励，但其他蜜蜂同样可以得到奖励，因此成员之间没有不顾团队、各干各的，而是有着明确分工、相互协作。这就是不同激励方式产生的不同结果。

我们都听说过一个游戏叫"信任背摔"，在一些企业的拓展训练中广泛采用。在游戏中，将员工分成团队，每个队员都要笔直地从1.6米的平台上向后倒下，而其他队员则伸出双手接住他，不让他摔落在地。在这个游戏中，最重要的是队员之间互相信任，深信自己倒下去的时候其他成员一定会接住自己，在这样的信任下，每个成员都可以放心地把自己的后背交给其他人，毫不犹豫地倒下去。这个游戏能让队员在活动中建立及加强对伙伴的信任感及责任感，是拓展训练中的经典项目。

有一家知名银行，其管理者很注重成员之间的信任，对中层管理者特别放权，每个月都允许中层管理者自主去花钱营销，只要是中层管理者认为有用的，就可以放手去做。有人担心那些人会乱花钱，可事实上，中层管理者并未出现过谋私利的情况，反而招揽并维护了许多客户，其业绩成为业内的一面旗帜。

还有一家经营环保材料的合资企业，总经理的办公室跟普通员工的一样，都在一个开放的大厅中，每个员工都能看见总经理在做什么。员工出去购买日常办公用品时，除了正常报销之外，公司还额外付给一些辛苦费，这个举措杜绝了员工弄虚作假的心思。

在这两个案例中，我们可以体会到成员之间相互信任对于团体以及每个成员的影响，这会增加成员对团体的情感认可。而从情感上实现互相信任，是一个团队发展的最坚实的基础。

成员对团队一致的承诺。管理学家通过对一些成功团队研究后发现，团队成员是否对团队这个组织以及团队的目标具有认同感，是否有一致的承诺，是决定团队目标实现与否的一个关键因素。我们都知道，重信守诺是中华民族的传统美德之一。在团队中，成员是否就团队目标达成一致约定，承诺尽全力去实现目标，是检验一个团队含金量的标准。

在完美团队中，成员为了使团队能获得成功，愿意去做任何事情，我们把这种忠诚和奉献称为一致的承诺。因此，成员对团队一致的承诺就表现为对团队目标的奉献精神，具体表现是愿意为实现团队目标尽自己的最大潜能。

团队的激励方式。我们都知道，激励是一种促使团队和个人不断努力的管理方式。很多时候，管理者错误地认为激励就是给予物质奖励，但是实行效果并不好。在进行激励的时候，我们还要注意激励方式是否适合团队实际情况。

罗蒂克·安妮塔曾经说过："企业成功的关键在于认清哪些特色能使自己免于竞争。你必须强调这些特色，经常重申其重要性，绝不能让它稀释淡化。"

选择正确的队友合作

团队存在于我们的身边，人自从出生的那一天起，就有了这样那样的关系，最简单的从父母兄妹开始，慢慢随着年龄的增长，也就有了同学、同事。总而言之，人是一种群居生物，只要想生活下去，就必须要接触各种各样的团队。那么一个完整的团队需要什么样的人才呢？

有一个著名的企业管理人曾经问了一个这样的问题：在一个团队中，有这样五个人，大家说谁可能被辞退？第一个人：偷奸取巧的，此人每天上班什么都不干，只会找到别人的空点，让别人干自己的活；第二个人：默默无闻的，此人只是工作，也没有什么要求，也不求太多的回报；第三个人：打小报告的，此人每天观察大家，谁有一点小问题都迅速向上级报告；第四个人：桀骜不驯的，此人高高在上，不容易驾驭，但却有实力，很多问题都可以迅速解决；第五个人：溜须拍马的，此人能说会道总是讨领导欢心。

问题提出之后，有人激烈地讨论，有人沉默，有人说：偷奸取巧的人应该先辞退，因为这样的人什么都不能干，还给大家添加负担；也有人说：打小报告的人最可恨，这样的人放在哪里都是问题；更有人说：桀骜不驯的人应该辞掉，他就算再有实力，不乐意干活也不能为单位创造价值呀。

最后这位著名的管理人说了一句话："这几种人都不会被辞退，完整的团队各种人都需要。"大家迷茫了，为什么这样说呢？管理人解释道：

第一种人，这类人什么都不干，但是却能在繁忙的工作中发现别人的空点，所以，他是一个很好的时间管理者。

第二种人，这种人不用解释，任何一个公司的发展都离不开这样的人。

第三种人，很多脚踏实地的人都非常讨厌这种人认为他们一天天的就打别人小报告，总会让所有人心里不痛快，其实这样的人也有可取之处，他能打小报告就证明他非常细心，能了解公司上上下下所有的动态，不管谁的一言一行，一静一动都在他的掌握范围，所以此人如果管理公司大大小小的事物，必能手到擒来。

第四种人，这种人虽然难以相处，不易驾驭，但是确实有实力，那么在公司真正有需要的时候，他一定会出现在第一位置上，迅速解决问题。

第五种人，说实话，这种人真的是会令很多人不喜欢，但是却能讨到领导的喜欢，既然可以讨到领导的喜欢，如果让其去与客户见面，那么大家想想又将是一个什么样的结果呢，结果肯定是胜利而归。

总而言之，如果你能发现每个人的特点，合理发挥各人的长处，那么不管这个人是什么样的性格，只要团结在一起，把力气都往一处用，任何人都将会在某一领域独挡一面的。

当你的团队拥有以下九种员工的时候，一个完整的、没有缺陷的团队诞生了，这九种人共同合作、互相制衡，堪称真正的梦幻组合。

1.监督者：此种人很有判断力，是非黑白分得很清楚，颇能收监管之效，令团队运作流畅。

2.开路先锋：此种人的使命是保护、带领，从不畏惧任何艰难险阻，有谋略、目光长远、懂得保护身边的人，想方设法解决问题、有力量有冲劲去克服困难。要开山劈石做先锋，实现长远目标，此种人是最佳人选。缺点是只顾长远目标，不能兼顾细节。

3.支援者：此种人的使命是成就他人，尽力协助他人成功，最适合支援工作。缺点是只懂得支援策划，却不会行走一步。

4.忠心者：此种人是团队型的人，团结、忠心、安全、非常适合做士兵。缺点是太重视安全，在遇到危险的时候便会退缩。

5.勇敢者：此种人的使命是达到目标，然后再达到另一个目标。勇字当头，披荆斩棘，不怕痛楚，不受感情拖累，决定去做一件事时，无人可以阻挡他。缺点是为达目的，不计成本，横冲直撞，盲目行事。

6.规划者：此种人的使命是收集资料和作出分析。建立真正细致的拓展蓝图。

7.娱乐者：此种人的使命是创造可能性，娱乐自己、娱乐他人，设法带给每个人欢乐和享受，让人在工作乏味之余能够放松心情。

8.性灵者：此种人的使命是凭感觉做事，透视人的内心感受，带动所有人重投灵性感觉的怀抱，带给团队奋勇前进的信心。

9.调解者：此种人的使命是维持和平，本人没有野心，又爱调解其他人的纷争，制造凝聚力。

虽然九种人各有不同，但每种性格、每种使命都有其重要性，环环紧扣，缺一不可。在这个急剧转变的年代，一家公司更需要不同类别的人才，拥有不同的想法、意念，相互冲击，相互配合，相互弥补，才能令企业更进一步。

曾经有人采访比尔·盖茨成功的秘诀。比尔·盖茨说：因为有更多的成功人士在为我工作。

陈安之的超级成功学也有提到：先为成功的人工作，再与成功的人合作，最后是让成功的人为你工作。

人性情各有不同，具有以下几种性格特色的人是最好的合作伙伴，或者说，他们是一个优秀的团队中不可或缺的人物。

1.不甘心

二十一世纪，最大的危机是没有危机感，最大的陷阱是满足。人要学会用望远镜看世界。顺境时要想着为自己找个退路，逆境时要懂为自己找出路。

2.学习力强

学历代表过去，学习力掌握将来。懂得从任何的细节、所有的人身上学习和感悟，并且要懂得举一反三，学习，其实是学与习两个字。学一次，做一百次，才能真正掌握。学，做，教是一个完整的过程，只有达到教的程度，才算真正吃透。而且在更多时候，学习是一种态度。只有谦卑的人，才能真正学到东西。大海之所以成为大海，是因为它比所有的河流都低。

3.行动力强

只有行动才会有结果。行动不一样，结果也不一样。知道不去做，等于不知道，做了没有结果，等于没有做。不犯错误，一定有错，因为不犯错误的人一定没有尝试。错了不要紧，一定要善于总结，然后再做，一直到正确的结果出来为止。

4.要懂付出

要想杰出一定得先付出。斤斤计较的人，一生难以成功。没有点奉献精神，是不可能创业的。要先用行动让别人知道，你物超所值，别人才会开更高的价。

5.有强烈的沟通意识

沟通无极限，这更是一种态度，而非一种技巧。需要无所不包的沟通，从目标到细节，甚至到家庭等等，都在沟通的内容之列。

6.诚恳大方

每个人都有不同的立场，不可能要求利益都一致。关键是大家要开诚布公地谈清楚，不要委曲求全。相信诚信才是合作的最好基石。

中国有句俗话，叫"男怕入错行，女怕嫁错郎"，寻找合作伙伴也是如此。好的合作伙伴能够为你的事业雪中送炭，不好的合作伙伴只会给你的前行设置障碍。为此，我们必须以洞烛幽微的姿态仔细审视身边的伙伴们，对他们进行深入了解，方能不给将来的发展留下隐患。

一起寻找利益共同点

每个人都是自私的，每个人都想要维护自己的利益。这是一个客观事实，每个人都必须承认。关键是怎样才能找到所有人的利益切合点，如果每个人的利益都能得到满足，干劲自然就大了。

不同于中国人的谦虚含蓄，美国人总是试图将自己的优点全部表现出来，在集体合作的时候也是如此。面对一项需要多人合作的任务，中国人总是习惯沉默谦让，美国人则会大胆说出自己的优点，提出自己的要求，大家会找到一个利益切合点，然后充满动力地合作。耶鲁大学倡导的也是这种精神，每个人都会有自己的利益要求，重要的是大家有共同的目标，找到了这个利益共同点，整个合作就会在高效率和生机勃勃的气氛中进行。

关于寻找利益共同点这个问题，我们先来看看希尔顿是怎么做的：

爱德华年轻的时候一直想发财，可是迟迟没有好机会。一天，他正在街上买东西，突然发现整个繁荣的商业区竟然只有一个饭店。因此他就想在这里建造一间高档次的饭店。认真考虑一番后，他觉得位于整条大街拐角处一块土地特别适合盖饭店。这块土地被一个叫安德鲁的地产商人所持有，当爱德华找到他表明自己的来意后，安德鲁开出了一个价，假如想买这块地皮，需要30万美元。

爱德华那时只有10万美元，但是他这样对安德鲁说："假如我能够租借你的地皮的话，我租10年，分期付账，每年给你3万美元，并且你可以继续拥有土地的所有权，假如我不能按时付款，那么就麻烦你收回你的地皮和在这土地上面的所有东西，包括我将要建造的饭店。"安德鲁听后，觉得这是天大的好事，爽快地答应了。

于是，他们成交了，爱德华第一年仅仅付给安德鲁3万美元就行，不用一次性支出巨额的30万美元。这就表示，爱德华仅仅用了3万美元就获得了本应30万美元才能得到的土地使用权。后来，爱德华又找到了安德鲁说："我想把土地当作抵押物去贷款，我希望你能允许。"安德鲁虽然有些生气，可是却无可奈何，只好应允了。

1925年8月4日，以爱德华命名的饭店正式开业，他的人生从此开始进入辉煌的阶段。

爱德华从一开始的10万美元到变成身价6亿美元的富翁仅仅用了17年的时间。他发财的诀窍就是借用别人的资源经营。他借到资源后源源不断地让资源变成了新的资本，最后实现了自己伟大的人生目标。

从爱德华的故事中我们看到了共同利益给他带来的好处，接下来我们再瞧瞧企业中的共同利益表现在哪里呢？你是否能获得企业的共同利益？

一个企业中往往有三类员工：一是月薪族，二是年薪族，三是获得薪金加分红的人。有机会获得年薪的，就是那不足百分之五的精英，而得到薪金加分红的，人数就更少了。许多拿着微薄工资的职工不理解别人为什么能拿年薪或者是薪金加分红，或者单纯地觉得"那些人比我能干"。实际情况是，这不是简简单单"能干"两个字能够解释清楚的，天底下能干的人很多，但真正挤入年薪一族的却不多。他们可以拿年薪，甚至获得分红，是由于他们虽然是打工的，但他们已经获得了老板的极度信任，已经在和老板一起分得企业的共同收益了。假如从"收入－成本－期间费用—利润"这个过程来解释，得到分红的人，他们的分红是"利润"的一部分，而不像普通员工那样属于"成本"或"期间费用"。

伴随信任度的下降，如今，上下级之间，员工与老板之间，彼此的不满情绪已经非常严重，只有在双方找到利益结合点的时候，才能够从心理上完全消除对立，才能够彻底理解对方、尊重对方并且信任对方。

社会学家曾经做过这样一项调查：调查都有哪些人想成为老板。他们调查了差不多1000名在不同职位或者级别的员工，结果显示：在想成为老板的那些人中，93%是基层职工。这些想成为老板的底层员工，普遍觉得做老板可以赚更多钱，可以获得更多利益，最关键的是"创立自己的事业"。调查的人中，也包括一些企业的中高层人员。社会学家发现，级别越高，收入越多的人，越排斥做老板。他们的答案是："我在这个企业干得挺好的，为什么要去做老板呢？"更直白的回答就是："我就算不做老板，同样能够分享企业的利润。而我付出的，却不像老板那么多，做老板要比我们辛苦得多。"当接着分析时，他们发现，基层职员和中高层职员在以下几个方面存在明显差异：

（1）对"共同利益"的认识程度。基层职员基本没有这个概念，中高层管理者却很清楚。

（2）获得企业税后利润的机会。基层职员差不多没有这样的机会，中高层管理者则有较多机会。

（3）相互之间是否信任。基层职员和老板之间相互信任的程度很低，中高层管理者与老板之间的信任度相对较高。

唐骏是中国职场上的顶级人才。当他打算离开微软时，某大学里充斥着这么一场讨论：唐骏接下来是做老板呢，还是接着打工呢？许多人觉得他肯定会去做老板，原因是他不仅有资金，同时也有经营管理能力，还有足够的社会资源。但是唐骏做的选择还是打工，成为一个享受年薪加分红型高层管理人员。类似他这样的职业精英，对企业老板和职工的"共同利益"是知道得非常清楚的。

一个人如果能找到和别人的利益共同点，获得的可能不仅仅是感情上的默契和互助，往往还能获得共同的资源和利润的分红，寻找利益的共同点是一种处世的智慧，可以让我们在纷繁的社会中分得自己的一杯羹。

吃独食并不是明智之举

团队精神，就是要学会利益共享。"有钱大家赚"，这是一个俗却实用的法则。

社会上，有些人聪明、有才干、有创造力，但在利益的驱动下，很少愿意与别人分享自己的智慧成果，于是就产生了一个名词——"独食主义"。爱吃"独食"的人是不会快乐的，因为在他的眼里，任何利益他都想一个人独吞，这样做的后果必然是大家都不愿意和他在一起合作，甚至会有意疏远他，只有那些懂得和他人分享的人才能体会到与人合作的趣味。

金钱应该用来寻求幸福与安定，寻求爱与情谊，而不是用来寻求金钱本身，工作中应该常怀律己之心，常思贪欲之害，虽然君子爱财，但是也要取之有道。我们应该让越来越多的人相信，世界上除了金子，还有很多其他的值得追求和在意的东西。

赠人玫瑰，手有余香。所谓"舍得"，即先舍后得，有舍才有得。要成功首先就应该付出，学会与他人相处，你为别人想，就是为自己想，这是很多人都认同的一个"真理"。

其实，面对金钱时，懂得分钱的人更容易获得金钱，分出小钱，赢得大利，吃独食并不是一个好主意。无论是在生意场上还是在工作中，我们都要学会分享，懂得分享，与大家合作，蛋糕越大，自己得到的才会越多。没有分享，便不能开阔心胸，永远只想着吃"独食"的人，早晚会面临"饿死"的那一天。

从前，有两个饥饿的人得到了上帝的恩赐：一根鱼竿、一篓鲜活硕大的鱼。其中一个人选择了一篓鱼，另一个人则拿走鱼竿，然后，他们便分道扬镳了。

选择鱼篓的人，就地用干柴生火煮鱼。他狼吞虎咽，还没有品尝出鲜鱼的肉香，就瞬间把鱼吃光了，因此他很快又煮了另一条鱼，以填饱肚子。短短几日过去后，他被人发现饿死在空空的鱼篓旁。

至于拿走鱼竿的人，他忍受着饥饿，一步步向海边走去，只是当他好不容易抵达海边的同时，却连最后的一点力气也都耗尽了，只能带着无尽的遗憾，离开人间。

不久后，又有两个饥饿的人，同样得到上帝恩赐的一根鱼竿和一篓鱼。他们并没有各奔东西，而是商量一起去找寻大海，并且还约定每餐只能煮一条鱼吃，在经过漫长的跋涉后，他们终于顺利抵达了海边。

到达海边之后，他们两人开始以捕鱼为生，几年后，他们盖起了房子，不但有了各自的家庭、子女，还有自己造的渔船，生活可说是十分幸福、平安。

同样的境遇，不同的结果。只因为选择了不同的生存方式。选择吃独食就失去了生命，合作不但挽救了生命，而且生命得以繁衍生息。得到别人的帮助是一种幸运，帮助他人同样也是一种幸运。与他人很好地合作，不仅可以为别人带来快乐和发展，有时候也可以给自己带来成功和好运。

在很久以前，有一个国王有十五个儿子，他们为了争夺王位，整天不是吵架就是打架，谁也不帮谁。国王看到此情景，觉得非常难过。

有一天，国王把十五个儿子叫到跟前，说："来！来！来！我给你们一人一只筷子，看谁可以把筷子折断。"

于是儿子们全都笑着说："那有什么难的。"大家很快都把筷子折断了！国王又拿出来十五只筷子说："来！来！来！我看你们谁可以一次把十五只筷子折断！"

"我是老大，我先来！"大儿子拿起十五只筷子就开始用力折。大儿子费尽九牛二虎之力也没有折断。

"换下一个！"二儿子、三儿子、四儿子……十五个儿子全都试过之后，可是没有一个儿子能一次将这十五只筷子折断。

国王语重心长地说："你们瞧！只有一只筷子的时候，谁都可以把筷子折断，可是当十五只筷子结合在一起，就不容易折断了。你们要知道，人的力量就像这些筷子，虽然一个人的力量很小，如果把每个人的力量结合起来，就是一个无比巨大的力量！"

十五个儿子听了国王的话，都知道自己错了，后来他们再也没有吵架、打架。在十五个儿子的共同努力下，国家也变得越来越昌盛。

人心齐，泰山移。只有合作才能谱写出动人的乐曲，只有合作才能走出人生的康庄大道，只有合作，才能让人生散发出耀眼的光芒。我们既要抓住机遇，敢于竞争，又要遵守竞争规则，讲究道德，反对不正当竞争。参与竞争，就要在规则允许的范围内靠实力取胜，不能不择手段，不讲道德。这是一个只有合作才能取得成功的时代。我们每个人的智慧和力量都是有限的，任何人想要成功都离不开他人的帮助。任何天马行空，独来独往的"江湖独行侠"行为，在这个高度组织化、协作化的社会中将不再有一席之地。

当下，成功者们谈得最多的、学得最多的几乎都是如何赚钱，但是，很少有人会说怎么分钱。现实中很多人都是赚钱容易分钱难，最后将自己生活的环境弄得乌烟瘴气，朋友不是朋友，亲人不是亲人。

现实中的很多企业，特别是一些家族企业在成立之初，每个人都为了同一个目标而不懈努力，共同抗敌，但当企业稳定开始追求效益的时候，种种问题就显露出来了，不团结的结果是导致企业很快瓦解，最初的团结奋进再也看不到了，有的只是一塌糊涂。所以，从某种意义上讲，分钱能力比赚钱能力更重要。

如果掌握了分钱的能力，赚钱会变得更容易。事实上，多分给别人一些，自己也会得到更多。总之，要想赚大钱，必先懂得分钱。舍得舍得，有舍才能得，不能只看重眼前的利益。

如果把利益比作是一块蛋糕，那么即使你得到了这块蛋糕的全部，也不过只是这一块蛋糕而已。如果你能和合作伙伴一起做这块蛋糕，那么合两个人之力，你们就能把这块蛋糕做得很大，即使一人一半，也比你一个人所独得的那份蛋糕要大很多。所以，当学会与人合作时，你会发现，得到的比失去的更多。

如果你要想在社会上站稳脚跟，那么在利益面前就要懂得分享，就要懂得和他人合作。吃"独食"是不可能吃出宏伟事业的。对于一些成功者来说，在面对利益的时候，他们从来不会自己吃"独食"。特别是在生意场上，为了降低风险和避免可能会出现的失败，成功者总会给自己留下足够的空间，那就是懂得分享。

第九章

信息：一条信息抵上
千军万马

　　不论是商场上还是生活的其他领域，拥有广泛的信息网络，能够及时收集到有用的信息，是我们能够获取成功的关键。但是在收集信息的过程中，我们一定要注意辨别信息的真伪，以防被错误的信息所蒙蔽，作出错误的决策。

不努力收集信息的井底之蛙难逃被渴死的命运

有一只青蛙生活在井里，这里有充足的水源。它对自己的生活很满意，每天都在欢快地歌唱。

有一天，一只鸟儿飞到这里，便停下来在井边歇歇脚。

青蛙主动打招呼："喂，你好，你从哪里来啊？"

鸟儿回答说："我从很远很远的地方来，而且还要到很远很远的地方去，所以感觉很累。"

青蛙很吃惊地问："天空不就是那么一点大吗？你怎么说很遥远呢？"

鸟儿说："你一生都在井里，看到的只是井口大的一片天空，怎么能够知道外面的世界呢！"

听完这番话后，青蛙不以为然，它想："世界就是这么大呀！"

后来，井水干涸，青蛙渴死了。

这是一个人们早已熟悉的寓言故事。故事中的青蛙由于不了解外面的信息，便以为世界只有"井口那么大"，从而不愿跳出井口，寻找另外的生活，最终落得个被渴死的下场。在现实生活中，为了逃脱被渴死的命运，我们必须努力地去收集信息。

在这方面，市丸良一给我们树立了良好的榜样。

194

市丸良一的公司起源于市丸家的酱油铺。由于是小本经营，难以同大企业竞争，市丸家的酱油铺只好改做淀粉生意，取名"市丸产业公司"。后来公司取得了关于淀粉供求信息的情报。当时日本处于战后恢复时期，对淀粉的需求量很大，而做淀粉原料的甘薯主要出产在气候温暖的南方鹿儿岛县。市丸产业公司占有"地利"之便，公司经营得很顺利。由于得到了准确的市场供求信息，"市丸产业"在短短几年内发展成一家庞大的企业，在日本淀粉公司中居第三位。

后来，在日本进入经济高速发展时期以后，日本农林省决定减少淀粉公司的数目。在提前获得此准确情报后，已经当上"市丸产业公司"总经理的市丸良一当机立断，于1976年买进3辆小汽车，改营出租汽车业。市丸良一全力以赴地经营，只用两年时间就正式办起了市丸交通公司，到1984年发展为九州最大的出租汽车公司，共拥有出租汽车369辆。

在经营出租汽车事业的同时，市丸良一又发现不动产业有利可图，便设立"市丸商事公司"，办起了修建和出租公寓事业。他又利用西乡隆盛（日本明治维新时著名人物，出生于鹿儿岛加治屋）逝世100周年，以他在鹿儿岛人心目中崇高的威望大做广告，宣传他建造的"加治屋公寓"，使其公寓十分畅销。

市丸良一就是这样一个善于捕捉信息和分析形势、经营得法的企业管理者。现在，市丸商事公司已成为鹿儿岛最大的公寓开发商。

毫无疑问，市丸良一之所以在商业上取得了巨大的成功，与他注意信息情报的收集是分不开的。

不论是商场上还是生活的其他领域，拥有广泛的信息网络，能够及时收集到有用的信息，是我们能够获取成功的关键。但是在收集信息的过程中，我们一定要注意辨别信息的真伪，以防被错误的信息所蒙蔽，作出错误的决策。

公元前341年，魏国和赵国联合攻打韩国，韩国向齐国告急。齐王派田忌率领军队前去救援，径直进军大梁。魏将庞涓听到这个消息，率师撤离韩国回魏，而齐军已经越过边界向西挺进了。当时齐国的军师孙膑对田忌说："魏军向来凶悍勇猛，看不起齐兵，齐兵被称作胆小怯懦。善于指挥作战的将领，就要顺应着这样的趋势而加以引导。兵法上说：用急行军走百里和敌人争利的，有可能折损上将军；用急行军走五十里和敌人争利的，可能有一半士兵掉队。命令军队进入魏境先砌十万人做饭的灶，第二天砌五万人做饭的灶，第三天砌三万人做饭的灶。"

庞涓行军三日，看到齐国军队中的灶越来越少，就特别高兴地说："我本来就知道齐军胆小怯懦，进入我国境才三天，开小差的就超过了半数啊！"于是放弃了他的步兵，只和他轻装精锐的部队日夜兼程地追击齐军。孙膑估计他当晚可以赶到马陵。马陵的道路狭窄，两旁又多是峻隘险阻，适合埋伏军队，孙膑就叫人砍去树皮，露出白木，写上："庞涓死于此树之下。"然后又命令一万名善于射箭的齐兵隐伏在马陵道两边，约定晚上看见树下火光亮起，就万箭齐发。庞涓当晚果然赶到砍去树皮的大树下，看见白木上写着字，就点火照树干上的字，上边的字还没读完，齐军伏兵就万箭齐发，魏军大乱，互不接应。庞涓自知无计可施，败局已定，只能拔剑自刎。

在庞涓与孙膑的博弈中，庞涓最终落得个拔剑自刎的结局，就因为他被孙膑制造的假信息所迷惑。为了跳出井口，寻找更大的发展空间，我们必须努力收集信息，但收集信息的同时别忘了甄别信息的真假，否则一旦接受了错误的信息，结局可能比不跳出去更悲惨。

信息的优劣和多寡决定你的胜算

以前有个做古董生意的人，他发现一个人用珍贵的茶碟做猫食碗，于是假装很喜爱这只猫，要从主人手里买下。古董商出了很高的价钱买了猫。之后，古董商装作不在意地说："这个碟子它已经用惯了，就一块儿送给我吧。"猫主人不干了："你知道用这个碟子，我已经卖出多少只猫了？"

古董商万万没想到，猫主人不但知道碟子的价值，而且利用了他"认为对方不知道"的错误大赚了一笔。由于信息的寡劣所造成的劣势，几乎是每个人都可能面临的问题。谁都不是先知先觉，那么怎么办？为了避免这样的困境，我们应该在行动之前，尽可能掌握有关信息。人类的知识、经验等，都是你将来用得着的"信息库"。

华尔街历史上最富有的女人——海蒂·格林是一个典型的葛朗台式的守财奴。她曾为遗失了一张几分钱的邮票而疯狂地寻找数小时，而在这段时间里，她的财富所产生的利息足够同时代的一个美国中产阶级家庭生活一年。为了财富，她会毫不犹豫地牺牲掉所有的亲情和友谊。无疑，在她身上有许多人性中丑陋的东西。但是，这并不妨碍她成为资本市场中出色的投资者。她说过这样一句话："在决定任何投资前，我会努力去寻找有关这项投资的任何一点信息。"

有了信息，行动就不会盲目，这一点不仅在投资领域成立，在商业争斗、军事斗争、政治角逐中也一样有效。

《孙子兵法》云：知己知彼，百战不殆。这说明掌握足够的信息对战争的好处是很大的。在生活的"游戏"中，掌握更多的信息一般是会有好处的。比如，你要恋爱，你得明白他（她）有何喜好，然后才能对症下药、投其所好，才不至于吃闭门羹。你猜拳行令（南方的人们喜欢在喝酒时猜拳助兴），如果你知道对方将出什么，那你绝对能赢。

信息是否完全会给博弈带来不同的结果，有一个劫机事件的例子可以说明。假定劫机者的目的是为了逃走，政府有两种可能的反应类型：人道型和非人道型。人道型政府出于对人道的考虑，为了解救人质，同意放走劫机者；非人道型政府在任何时候总是选择把飞机击落。如果是完全信息，非人道型政府统治下将不会有劫机者（这与现实是相符的，在汉武帝时期，法令规定对劫持人质者一律格杀勿论。有一次一个劫匪绑架了小公主，武帝依然下令将劫匪射杀，公主也死于非命，但此后国内一直不再有劫人质者），人道型政府统治下将会有劫机者。但是，如果想劫机的人不知道政府的反应类型，那么他仍然有可能劫机。所以，一个国家要防止犯罪的发生，仅有严厉的刑罚是不够的，还要让人们了解那些刑罚（进行普法教育），因为人们不知道会面临刑罚，就不会用那些规则来约束自己的行为。

有史以来，人们从来没有像现在这样深刻地意识到信息对于生活的重要影响，信息实际上就是你博弈的筹码，我们并不一定知道未来将会面对什么问题，但是你掌握的信息越多，正确决策的可能就越大。在人生博弈的平台上，你掌握的信息的优劣和多寡，决定了你的胜算。

比对手更关注对手

在生活中，我们经常都会看到给自己找一个"对手"的例子，比如喜欢下棋的人总是喜欢跟一些比自己强的人过招，而不愿意和技艺差的人在那儿浪费时间。因为技艺差的人不但不能让你学到什么东西，而且也根本无法给你制造什么思想上的压力和心理上的负担，因为你无须动什么脑子，就可以轻而易举地打赢他，所以，你也无法在技艺上获取进步。相反，和高手对弈，必然会格外地小心和谨慎，同时也必然全力以赴，并摆出决一死战的架势，不然，稍有差池，就会落下个大意失荆州的结局，所以与高手对垒，技艺不知不觉就会大增。

有一次，一只鼬鼠向狮子挑战，要同它决一雌雄。狮子果断地拒绝了。"怎么，"鼬鼠说，"你害怕吗？""非常害怕，"狮子说，"如果答应你，你就可以得到曾与狮子比武的殊荣；而我呢，以后所有的动物都会耻笑我竟和鼬鼠打架。"

在竞争中尤其如此。你如果与一个不是同一重量级的人争执不休，就会浪费自己的很多时间，降低人们对你的期望，并在无意中提升了对方的层面。因此，要提高自己的能力，最佳途径就是找个比自己强的人做对手，还要做到比对手更关注他自己。

著名数学家华罗庚曾说过："下棋找高手，弄斧到班门。"他认为，

199

应敢于和高手"试比高"。当他在乡镇小店里自学时，就敢于对大数学家苏家驹的理论提出质疑。正是"班门弄斧"的可贵精神，使他提早闯进数学王国的神秘宫殿。

物理学家伽利略年轻的时候，就向先师亚里士多德发出挑战。他提出的"如果毫无摩擦，运动着的物体便会永远运动下去"这一大胆的设想，后经牛顿实验证明，发展成了力学第一定律。

爱因斯坦在牛顿力学取得辉煌成就、成为物理学界的绝对权威时，却提出相对论的设想，认为牛顿力学只是大千世界中物体处于宏观低速运动时才适用的规律，爱因斯坦的这个见解，推动了自然科学的发展。

华罗庚、伽利略、爱因斯坦是数学界和物理学界的巨擘，他们的成功，就在于敢寻找高手做对手，敢为天下先，敢与高手过招。

只有和高手过招，你才能理解竞争的真正意义，才能体验到竞争的激烈，才能观察到对手的优秀之处。也只有在与高手过招的过程中，你才能发现自己的不足，发现自己的缺陷。这样，在平时，你就会注意从哪些方面努力，以弥补自己的不足和缺陷。

我们总是希望在竞争中消灭对手，认为一个"唯我独尊"的战场才是最完美的状态。实际上，当你在一个领域中失去了对手，也就失去了前进的动力。不仅如此，更多的情形会是你在与对手的恶性竞争中两败俱伤。

20世纪90年代的彩电价格大战，在某种程度上就是大家为了争霸而起。当年的长虹举起价格屠刀，讨伐四方，随后创维、TCL、康佳等企业也不甘示弱，纷纷跟进，一时间烽烟四起，最后，大家都无钱可赚，彩电行业成为夕阳行业。

恶性竞争是有害而无利的。每个人都想消灭对手，为了达到这个终极目的，于是使出了各种一损俱损的灭敌之术，结果虽然让对手吃不消，但也将自己消耗殆尽，并且扰乱了整个市场。与其如此，为什么不能学学犹太人的理念，信奉"互为依靠，有钱一起赚"的赚钱之道，与对手一起游弋在这个市场之上。

有肯德基的地方，基本都有麦当劳，他们是竞争关系，但是，我们没有看到什么时候肯德基发动过什么"战役"把麦当劳给消灭了，相反，它们在竞争中促进彼此的进步，培育了各自的市场。相似的情况也出现在可口可乐和百事可乐身上。可口可乐和百事可乐互相视对方为主要竞争对手，但是，两家企业却从来不搞恶性竞争，甚至连促销活动往往都有意错开。

在现代竞争中，联合竞争对手共同发展是一种策略，双方为了共同利益携起手来，齐头并进，达到双赢的目的。

如果说你是一名长跑比赛选手，那么你的对手就是比赛场上与你一争高下的另一名或多名长跑比赛选手。赛事过后总会诞生胜利者，胜利者之所以被称为胜利者，那是有无数比赛选手衬托出来的。就如一个产品的开发，一个市场的拓展，正是由于对手的存在才得以实现的。对手之间的公平竞争和精彩对决，创造出令人目不暇接的商业神话，才使我们这个商业世界热闹非凡，充满生机。

因此，在某种意义上，永远不要试着去消灭你的对手，有时候更要乐于看到对手存在的价值。

公共信息下的锦囊妙计

在信息是公共的情况下，彼此都知道对方的虚实，就需要设一些局来达到成功的目的。所谓兵不厌诈，双方在知己知彼的情况下，就需要一些计谋来取得胜利。

1934年，蒋介石消灭军阀孙殿英的势力，所谋划的计策，就是力图收到这样的功效。

在民国历史上，被蒋介石打败的军阀中，孙殿英实力并不强，但是像一块牛皮糖，很难啃。

1930年，中原大战的时候，孙殿英起先犹豫不定，后来看见蒋介石只有40万军队，而冯阎加起来有70万之众，以为蒋介石会失败，就投奔了冯玉祥，冯玉祥封他为安徽省主席。蒋介石为了拉拢孙殿英，特地委派当时任河南省建设厅长的张钫到孙殿英处游说，带着手谕和40万大洋巨款，给了孙殿英。结果，孙殿英脚踏两只船，一方面收下巨款，另一方面拒绝投靠蒋介石。但为了留下后路，他将张钫礼送出境。孙殿英想要弄蒋某人，深为蒋介石所痛恨，蒋介石开始等待时机收拾他。

1933年，蒋介石突然对孙殿英下发了一纸委任状，任命他为青海省屯垦督办。蒋介石之所以作这样的委任，并不是他对孙殿英食言的一种谅解，而是采纳了何应钦的主意，决定以计策最终解决孙殿英。

当时，西北地区是由"三马"控制，马步芳控制青海，马鸿奎和马鸿宾控制甘肃、宁夏。"三马"在当地势力极大，对蒋也是阳奉阴违，蒋也颇为头疼，派孙去西北正好可以牵制"三马"。

何应钦在向蒋献策时，陈述了此计至少有三种好处：一是防止孙殿英与冯玉祥合作，削弱冯玉祥的势力；二是通过"三马"攻打孙殿英，使孙殿英这个非嫡系部队瓦解；三是通过孙殿英去攻击"三马"，即使"三马"消灭不了，也会给其造成重大的打击。

孙殿英得到蒋介石的任命后，十分高兴，以为这次有归属了。尽管有人对他说蒋某人送的这份礼是不好收的，会冒很大风险，但孙殿英以一个赌徒的心理，就此一博了。

在孙殿英准备向西北进军的时候，蒋又突然发令阻其前进。

蒋介石再次出尔反尔，并不是什么健忘，而是进一步运筹他的计策。他料到，西北"三马"绝对不会允许外人来抢占他们的地盘，肯定要反击，同时对蒋介石也心存不满。蒋介石要稳住西北"三马"，为了安抚"三马"，他才命令孙殿英停止前进，给"三马"先吃一颗定心丸。而他也预料到孙殿英一定会拼命地要抢这块地盘，肯定不会老老实实地遵守他的命令，而是继续进攻"三马"，这样既能够使孙殿英和"三马"大战，又能将自己置于局外。

果不其然，接到蒋介石的命令后，孙殿英明白了蒋介石的诡计，但事情已经如此，不打也是不行的。1934年1月，他下了攻击令。

而另一边，蒋承诺给"三马"钱财，叫"三马"攻击孙殿英。

同年2月，孙殿英攻击"三马"的进程十分不顺利，他亲自组织人马攻击，但仍然失败，3万人死伤很多，不得不转入防守。为了防止孙殿英部队兵败到处流窜，蒋介石命令阎锡山的王靖国部驻扎在临河，堵住孙逃往山西的退路，这又给了阎锡山一个人情。同时命令胡宗南部到达中卫，准备一旦"三马"抵挡不住，他们就继续攻击。三路大军同时进攻，使孙殿英惊恐万状，他深知已经上了蒋介石的当，但悔之晚矣。这时蒋介石抢先公布孙殿英的罪状，停发了他的军饷，然后派人劝孙殿英投降。走投无路的孙，只好缴枪投降了，自己宣布下野，到山西隐居。

蒋介石施计，解决西北地方军阀问题，收到一石三鸟的功效。从此计谋设计、实施过程看，蒋介石考虑得比较周全。用此计解决孙殿英，顺带解决西北"三马"问题是何应钦的献策。蒋介石能接纳部属的进言，实为难得。抓住了孙殿英的弱点，没有固定的地盘，没有支撑点，如同流寇；要地盘心切，会缺乏对"诈"术的防范。挑起地方军阀的争斗，坐山观虎斗，企盼从中渔利，此计用"缺德"二字贬损并不过分。但是，就蒋介石要实现的目标而言，只有这样，才有可能创造一石三鸟的机会，在"义"与"利"的选择上，蒋介石常常是以利为转移的。在实施上，蒋介石做了多种防范，比如调动阎锡山部阻断孙殿英的退路，给阎以利益；命令胡宗南集合重兵，形成强大的威慑力。

在解决孙殿英的过程中，蒋介石没有费一枪一弹，就把这个心腹之患除掉了。他充分利用了孙殿英的弱点，使之对抗自己的心腹大患"三马"，略施小计，便获得一石三鸟之奇效，在与地方军阀斗法中又一次胜利了。因为在蒋与军阀斗法中，大家的实力相互都了解，属于公共信息环境。这样，如果强攻硬战的话必定会两败俱伤，所以要想一个周全之策，即用一石三鸟、借刀杀人之计。

这种利用公共信息环境，利用诡计，借力使力的招数在三国时期也经常上演。

在三国时期，曹操率领号称的八十三万大军，准备渡过长江，占据南方。当时，孙刘联合抗曹，但兵力比曹军要少得多。

曹操的队伍都由北方骑兵组成，善于马战，可不善于水战。正好有两个精通水战的降将蔡瑁、张允可以为曹操训练水军。曹操把这两个人当作宝贝，优待有加。

一次，东吴主帅周瑜见对岸曹军在水中排阵，井井有条，十分在行，心中大惊。他想一定要除掉这两个心腹大患。

曹操一贯爱才，他知道周瑜年轻有为，是个军事奇才，很想拉拢他。曹营谋士蒋干自称与周瑜曾是同窗好友，愿意过江劝降。曹操当即让蒋干过江说服周瑜。

周瑜见蒋干过江，一个反间计就酝酿成熟了。他热情款待蒋干，酒席筵上，周瑜让众将作陪，炫耀武力，并规定只叙友情，不谈军事，堵住了蒋干的嘴巴。

　　周瑜佯装大醉，约蒋干同床共眠，并且故意在桌上留了一封信。蒋干偷看了信，原来是蔡瑁、张允写来，约定与周瑜里应外合，击败曹操。这时，周瑜说着梦话，翻了翻身子，吓得蒋干连忙上床。过了一会儿，忽然有人要见周瑜，周瑜起身和来人谈话，还故意装作看看蒋干是否睡熟。蒋干装作沉睡的样子，只听周瑜他们小声谈话，听不清楚，只听见提到蔡、张二人。于是蒋干对蔡、张二人和周瑜里应外合的计划确信无疑。

　　他连夜赶回曹营，让曹操看了周瑜伪造的信件，曹操顿时火起，杀了蔡瑁、张允。

　　从周瑜所施的这个计谋来看，可以看出周瑜的聪明之处，还有周瑜的设局之策，如果他不采取这个策略，那么蒋干就会处于主动的地位，即使是不被蒋干说服，也不会得到什么好处。然而，他采用了这个反间之计，不仅没有给蒋干做说客的机会，而且还除掉了蔡瑁、张允两个心腹大患，可谓是一举两得。曹操派蒋干来刺探军情，是想充分了解敌人的信息，在这种情况下将计就计无疑是最佳策略，表面上虽然曹操掌握了对方的信息，而实质上正中了周瑜的将计就计，这其实是一种虚假的公共信息环境。

　　除了赤壁之战里周瑜的将计就计外，除掉袁绍儿子的隔岸观火之计也属于这种情况。

　　东汉末年，袁绍兵败身亡，几个儿子为争夺权力互相争斗，曹操决定消灭袁氏兄弟。袁氏兄弟迫不得已投奔公孙康。曹营诸将向曹操进言，要一鼓作气，平服辽东，捉拿二袁。曹操哈哈大笑说，你等勿动，公孙康自会将二袁的头送上门来的。于是曹操转回许昌，静观局势。公孙康听说二袁来降，心有疑虑。袁家父子一向都有夺取辽东的野心，现在二袁兵败，如丧家之犬，无处存身，投奔自己实为迫不得已。如收留二袁，必有后患，再者，收容二袁，肯定得罪势力强大的曹操。但他又考虑，如果曹操进攻辽东，收留二袁，可以共同抵御曹操。当他探听到曹操已经转回许昌，并无进攻辽东之意时，认为收容二袁有害无益，于是解决二袁并把首级送到曹营。曹操笑着对众将说，公孙康向来惧怕袁氏吞并他，二袁上门，必定猜疑，如果我们急于用兵，反会促成他们合力抗拒，我们退兵，他们肯定会自相火并。看看结果，果然不出所料。

曹操根据公孙康与二袁的利益冲突采取了转回许昌的策略，而公孙康在得知曹操转回许昌，不进攻辽东的时候，他便采取了杀死二袁的策略，从而达到自己利益的最大化。在这个故事中，袁氏兄弟和公孙康的矛盾众所周知，在这种情况下，属于公共信息，而曹操对此加以利用，不用出兵，坐山观虎斗，自己却获得了最大的收益。

声东击西，让对方误判

所谓声东击西，让对方误判，说得白一点就是利用假信息达到控制对方的目的。

在上文中我们谈到了对信息进行甄别以防被虚假信息所蒙蔽的重要性，反过来讲，我们也可以通过向别人传递虚假的信息以取得胜利。

宋理宗过世后，度宗即位。度宗本是理宗的皇侄，因过继为子而即位，时年25岁。度宗上台之后，曾一度亲理政事，限制大奸臣贾似道的权力，显得干练有为，确实干了几件好事，朝野上下为之一振，觉得度宗给他们带来了希望。贾似道的权力受到了极大的限制，有人上书弹劾贾似道。贾似道看到，如果这样下去，自己将会有灭顶之灾。

于是，贾似道精心设计了一个巨大的阴谋。

他先弃官隐居，然后让自己的亲信吕文德从湖北抗蒙前线假传边报，说是忽必烈亲率大兵来袭，看样子势不可当，有直取南宋都城临安之势。度宗正欲改革弊政、励精图治，没想到当头来了这么一棒。他立刻召集众臣，商量出兵抗击蒙军之事。宋度宗万万没有想到，满朝文武竟没有一人能提出一言半语的御敌之策，更不用说为国慷慨赴任、领兵出征了。这时，贾似道却隐居林下，优哉游哉地过着他的隐士生活。

第二步，自己再出面解决问题。

前线警报传来，数十万蒙古铁骑急攻，都城临安急需筑垒防御，这一切，使得度宗心惊肉跳，他想起朝廷中唯一一位能抗击蒙军、取得"鄂州大捷"的英雄贾似道。他深深地叹了口气，在无可奈何之下，只好以皇太后的面子，请求贾似道出山。谢太后写了手谕，派人恭恭敬敬地送给贾似道。这么一来，贾似道放心了。他拿足了架子，先是搪塞不出，继而又要度宗大封其官。度宗无奈，只好给他节度使的官衔，尊为太师，加封他为魏国公。这样，贾似道才懒洋洋地出来"为国视事"。

贾似道知道警报是他令人假传的，当然要作出慷慨赴任、万死不辞，甚至胸有成竹的样子。他向度宗要了节钺仪仗，即日出征，这真令度宗感激涕零，也令百官惶愧至极。天子的节钺仪仗一旦出去，就不能返回，除非所奉使命有了结果，这代表了皇帝的尊严。贾似道出征这一天，临安城人山人海，都来看热闹。贾似道为了显示威风，居然借口当日不利于出征，令节钺仪仗返回。这真是大长了贾似道的威风，大灭了度宗的志气。等贾似道到"前线"逛了一圈，无事而回，度宗和朝臣见是一场虚惊，额手称庆尚且不及，哪里还顾得上追查是谎报还是实报。

第三步，借机好好敲打一下对手。

贾似道"出征"回来，度宗便把大权交给了他，贾似道还故作姿态，再三辞让，屡加试探要挟，后见度宗和谢太后出于真心，他才留在朝中。这时，满朝文武大臣也争相趋奉，把他比做是辅佐成王的周公。通过这场考验，年轻的度宗对朝臣完全失去了信心，他至此才理解为什么理宗要委政于贾似道，原来满朝文武竟无一人可用。贾似道虽然奸佞，但国难当头之际，只有他还"忠勇当前"，敢于"挺身而出"。度宗哪里知道，满朝文武懦弱是真，贾似道忠勇却是假。

度宗被瞒，不知不觉地坠入了贾似道的奸计之中。从此，度宗失去了治理朝政的信心和热情，把大权往贾似道那里一推，纵情享乐去了。

贾似道再一次"肃清"朝堂，他在极短的时间内，把朝廷上下全换成了自己的亲信，甚至连守门的小吏也要查询一遍。这样，赵宋王朝实际上变成了贾氏的天下。

贾氏的信息从头到尾都是假的，他利用朝廷与自己信息不对称的情况，制造假信息，迷惑朝廷，达到了自己控制朝廷的目的。

很多人都认为这样做是不道德的行为，我们也这样认为。但博弈论本身与道德无关。若整个人类都讲道德，都是透明的人，他们传递的信息都是正确的，那么我们生活的世界将是非常轻松和愉悦的。因为透明的人意味着信息在决策中的作用已经丧失，所有私人信息都是公共知识。如此一来，我们也没有必要在此讨论博弈论了。但是现在的问题是，人们并不是透明的，当别人都不是透明的时候，你要去做一个透明的人，那么你的成本将会非常之高，因为你向别人传递了真实的信息，别人却不愿意给你真实的信息，你和别人已经不在同一个信息交流平台上。从信息上你们已经不公平了，从这个不公平发展下去，结局也就可想而知了。

不仅要做到声东击西让对方误判，还要充分利用这一"人性的弱点"去赢取最终的胜利。

提前抓取有利信息，掌握竞争的主动权

东汉班固《汉书·项籍传》上说："先发制人，后发制于人。"

公元前209年，项梁和侄子项羽为躲避仇人的报复，跑到吴中。会稽郡郡守殷通，素来敬重项梁。为商讨当时的政治形势和自己的出路，派人找来了项梁。项梁见了殷通，谈了自己对时局的看法："现在江西一带都已起义反对秦朝的暴政，这是老天爷要灭亡秦朝了。先开始行动的可以制伏人，后开始行动的就要被别人所制伏啊！"殷通听了，叹口气说："听说您是楚国大将的后代，是能干大事的。我想发兵响应起义军，请您和桓楚一起来率领军队，只是不知道桓楚现在什么地方？"项梁听了，心想：我可不愿做你的部属。于是他灵机一动，连忙说："桓楚因触犯了秦朝刑律流亡在江湖上，只有我的侄子项羽知道他在什么地方，我去叫项羽进来问问。"说完，项梁走到门外，轻声地叫项羽准备好宝剑，伺机杀死殷通。叔侄俩一前一后走进厅堂。殷通见项羽进来，刚站起身，想要接见项羽，说时迟，那时快，项羽拔出宝剑直刺殷通，随即砍下他的脑袋。项羽提着殷通的人头，佩带着郡守的大印，走到门外，高声宣布起义。

在项梁、项羽与殷通的博弈中，若殷通能先人一步，恐怕后来留下千古美名的就不是项羽而是殷通了。

生命的意义在于掌握主动，而掌握主动的途径就是比别人更早更快地获取信息。

罗斯柴尔德家族是控制世界黄金市场和欧洲经济命脉200年的大家族，他们极其重视信息和情报。

罗斯柴尔德的三儿子尼桑年轻时，在意大利从事棉、毛、烟草、砂糖等商品的买卖，很快便成了大亨。

这位传奇式人物的表现很让人称道，但最让人称奇的是，仅仅在几小时之内，他就在股票交易中赚了几百万英镑。

故事发生在1815年6月20日，伦敦证券交易所一早便充满了紧张的气氛。由于尼桑在交易所里是举足轻重的人物，而交易时他又习惯靠着厅里的一根柱子，所以大家都把这根柱子叫做"罗斯柴尔德之柱"。现在，人们都在观望着"罗斯柴尔德之柱"的一举一动。

就在昨天，即6月19日，英国和法国之间进行了关系两国命运的滑铁卢战役。如果英国获胜，毫无疑问英国政府的公债将会暴涨；反之，如果拿破仑获胜的话，公债必将一落千丈。因此，交易所里的每一位投资者都在焦急地等候着战场的消息，只要能比别人早知道一步，哪怕半小时、十分钟，也可趁机大捞一把。

战事发生在比利时首都布鲁塞尔南方，与伦敦相距非常遥远。因为当时既没有无线电，也没有铁路，除了某些地方使用蒸汽船外，主要靠快马传递信息。而在滑铁卢战役之前的几场战斗中英国均吃了败仗，所以大家对英国获胜抱的希望不大。

这时，尼桑面无表情地靠在"罗斯柴尔德之柱"上，开始卖出英国公债。"尼桑卖了"的消息马上传遍了交易所。于是，所有的人毫不犹豫地跟进。瞬间英国公债暴跌，尼桑继续面无表情地抛出。

正当公债的价格跌得不能再跌时，尼桑却突然开始大量买进。

交易所里的人给弄糊涂了，这是怎么回事？尼桑玩的什么花样？追随者们方寸大乱，纷纷交头接耳。正在此时，官方宣布了英军大胜的捷报。

交易所内又是一阵大乱，公债价格持续暴涨，而此时尼桑却悠然自得地靠在柱子上欣赏这乱哄哄的一幕。无论尼桑此时是激动不已也好，或者是陶醉在胜利喜悦之中也好，总之他发了一笔大财。

表面上看，尼桑似乎在进行一场赌注巨大的赌博，如果英军战败，他岂不是损失一大笔钱？实际上这是一场精心设计好的赚钱游戏。

滑铁卢战役的胜负决定英国公债的行情，这是每一个投机者都十分明白的，所以每一个人都渴望比别人先一步得到官方情报。唯独尼桑例外，他根本没想依靠官方消息，他有自己的情报网，可以比英国政府更早知道实际情况。

罗斯柴尔德家族成员遍布西欧各国，他们视信息和情报为家族繁荣的命脉，所以很早就建立了横跨全欧洲的专用情报网，并不惜花大钱购置当时最快最新的设备，从有关商务信息到社会热门话题无一不互通有无，而且情报的准确性和传递速度都超过英国政府的驿站和情报网。正是因为有了这一高效率的情报通讯网，才使尼桑比英国政府抢先一步获得滑铁卢的战况。

另外，尼桑的高明之处还在于他懂得欲擒故纵的战术。要是换了别人，得到情报后便会迫不及待地买进，无疑也可赚一笔。而尼桑却想到利用自己的影响先设一个陷阱，造成一种假象，引起公债暴跌，然后再以最低价购进，只有这样才能大发一笔。这个抢先一步发大财的故事，足以说明提前掌握情报和信息对于博弈的重要性。

在通往成功的路上，除去信息的因素，大家赢的机会均等。此时，谁能抢占先机，谁就能稳操胜券。而抢占先机的最有效途径，就是提前抓住有利的信息和情报。

第十章

法则：集中你的
火力全面出击

　　每个人都想在短时间内实现自己的目标，赚更多的钱，生活得更舒适，有更多的时间休闲娱乐，保持工作和生活之间的平衡。做到这些并不难，只要你学会了集中精力做最重要的事。这种战略的核心是，集中精力去做你最擅长的事情，你会获得丰厚的回报，否则你只能给自己造成更大的压力，甚至崩溃。

集中优势加大强度

保存你的精神和能量，并把它们集聚到最强的那一点上。相比泛泛地从一个浅矿找到另外一个浅矿而言，找到一个富矿，接着进行更深入的开采，你可能会得到更多。每一次，集中优势加大强度一定胜于全面出击。

有一天，一只自大的狐狸向森林之王——一头威严的狮子挑战，要同它决一雌雄。狮子果断地拒绝了。"怎么？"狐狸傲慢地说："你害怕吗？""非常害怕，"狮子平静地回答，"如果答应了你，你就可以得到曾与狮子比武的殊荣；而我呢，以后所有的动物都会耻笑我竟和一只小狐狸打架。"

你如果与一个不是同一重量级的人争论不休，不但会浪费自己的时间，更重要的是会降低人们对你的期望，并无意中提升对方的层面。同样的，一个人对琐事的兴趣越大，对大事的兴趣就越小，能够投入到关键问题上的精力和时间就越少。

有哲人说：成功的人生需要正确的规划，你今天站在哪里并不重要，但是你下一步迈向哪里却很重要。意大利经济学家、社会学家维弗雷多·帕累托研究归纳出的帕累托法则指出：80%的产出，来自20%的投入；80%的结果，归结于20%的起因。这个法则启示我们，做事情要抓住主要矛盾，抓住关键的少数，这样，少的投入可以得到多的产出，小的努力可以获得大的成绩。我们选择正确的道路，就是要抓住关键的20%，就是要充分发挥关键的20%的作用，就是要用最大的精力去关注最重要的事情。只有这样，才能获得最大的收获。

事实上，我们每个人头顶似乎都压着几座大山：时间压力、财务压力，以及保持工作与家庭之间良好平衡的问题。

我们中的很多人总是没日没夜地工作，却发现自己日渐陷入周而复始的琐碎事务中，有越来越多的问题需要解决。你或许会想："也许我应该更勤劳一些，我就能做好所有的事情了。"但是，仍然没用，工作时间再长、工作得再辛苦也不能使你摆脱困境。很多人都做过这样的尝试，却发现此路不通。

之所以会陷入这样的困境，就是因为你还没有学会"集中自己的火力"。你必须用每星期的绝大多数时间去做你最擅长的事，而且，如果你是一位管理者，你更应该学会让别人去做他们最擅长的事，这样才能让你自己和团队的效益最大化。

每个人都想在短时间内实现自己的目标，赚更多的钱，生活得更舒适，有更多的时间休闲娱乐，保持工作和生活之间的平衡。做到这些并不难，只要你学会了集中精力做最重要的事。这种战略的核心是，集中精力去做你最擅长的事情，你会获得丰厚的回报，否则你只能给自己造成更大的压力，甚至崩溃。做你擅长的事情可以激发你的能量，使你兴奋，并能自由地捕捉新的机会。

你要学会将最重要的优先事务从你要完成的事务中挑选出来，在办公室里的每一分钟都投入所有的精力。如果是那些毫无用处的鸡毛蒜皮的小事，你要学会说"不，我不做这件事"，口气还要很坚决。如果别人也能完成而你却实在挤不出时间，要学会把事情委托给别人做，不要有愧疚和负罪感，往往只需问一下："还有谁能做？"问题就会解决。如果是你必须去做的事情，但并不紧急，就另找个时间去处理它。学会了这些，你可以开始一天的工作了，就从那些最重要的优先事务开始，立刻全心全意投入去做吧。

找到最重要的事情

你应该找到那件最重要、最关键的事情，去做好它，而不是被纷繁复杂的假象所蒙蔽，因小失大，酿成祸患。

有一个笑话，说的是一对馋嘴的夫妻一起分3个饼，你一个，我一个，最后还剩下一个，两人互不相让，于是决定从现在起都不说话，谁坚持的时间长，就能得到最后一个饼。

两人面对面坐下，都不开口。到了晚上，一个盗贼溜进屋里，看见夫妻俩，先是有点害怕，但看他们毫无反应，就放心大胆地搜罗起财物来。盗贼将家中稍微值钱点的东西一件一件地搬出门去，妻子心里虽然着急，看丈夫一动不动，便只好继续忍耐。盗贼有恃无恐，干脆连最后一个米缸也搬走了，妻子再也坐不住了，高声叫喊起来，并恼怒地对丈夫说："你怎么这样傻啊!为了一个饼，眼看着有贼也不理会。"

丈夫立刻高兴地跳了起来，拍着手笑道："啊，蠢货!你最先开口讲的话，这个饼属于我了。"

在这个笑话中，这一对愚蠢的夫妇就是没有找到最重要的事情，因小失大，闹出了笑话。当两人打赌争饼时，遵守赌约，闭口无言是双方的主要问题。可是，当盗贼进屋盗窃财物时，如何联手赶走盗贼，保护家中财产，则成为新的主要问题，而此时赌饼的约定已经不再重要。此时此刻，夫妇二人就应该抓住最主要的问题，齐心协力，抓住盗贼，保护财产。然而，夫妇二人因为牢记赌约，对盗贼不予理睬，而让盗贼有了可乘之机，将财物盗走，从而丧失了抓贼的大好时机，为了一只饼失去了全部财产。

古人常说："擒贼先擒王，射人先射马。"想问题、办事情，就是应该牢牢抓住最主要的问题，不能主次不分，因小失大。在实际工作中，我们也必须弄清当时当地客观存在的最重要的问题是什么，从而采取正确的解决方法，以收到事半功倍的效果。

前英国首相撒切尔夫人对抓住重点有深刻而简洁的见解。有人问她："在日理万机的情况下还能照顾好家庭，你的秘诀是什么？"她回答："把要做的事情按轻重缓急一条一条列下来，积极行动，做好之后，再一条一条删去就成了！"

真理是朴素的，也是容易被忽视的。加强计划，抓住重点，积极突破，带动一般，这就是各个领域普遍适用的重要方法，也是常被忽视的重要方法。

一个人每天都有很多的事情要做，有大事，有小事，有令人愉快的事，有令人心烦意乱的事。但是哪些事才是最重要的呢？不弄明白这个问题，你就会浪费许多精力，空耗许多时间，结果给你带来痛苦，使你身心疲惫。

当然，所谓"重要"，必须是出自你自己的想法、感觉，你认为什么对你才是重要的。在某种意义上，人生就是选择对自己最重要的事情，然后去努力完成它、实现它。

在选择时，你首先要弄清楚这样一个问题，你是不是把时间、精力、能量花费在一件你愿意为它付出生命的事物上了呢？事实上，你活着的每天、每分、每秒，都在为了某些事情付出你的生命。

当你选择对你最重要的事情时，你的价值观会影响你的决定。如果你想拥有一个非常充实的人生，那么你愿意为它付出生命的事情，一定正是你活着的理由。

绝对不要忽视价值观的重要性，也不要忽略了你的信仰。你的价值观以及信仰正是你灵魂的立足点，无论你所追求的是什么，它们都是引领你迈向成大事者的起点。

在追求的过程中，不要从"想拥有什么"开始，而应该从"想成为什么"开始。你应该先在自己身上投资，你这个人才是你最大的资产。你的态度、智慧、知识、才华、经验及技能，这些都是你实现目标的原料，而且成为什么样的人直接影响你可以拥有什么。

要成为你想成为的人，就得从你的习性、情感、理想生活、人际关系，以及你认为成大事者应该有的精神生活开始，将你的目标设定在成为什么样的人，然后开始努力成为那种人。

借由这个目标，你会发觉自己在努力的过程中，所展现出的长处、精力及想法极其不同寻常。然后，当你在习性及思想上达到目标的时候，你就会以最勤奋的精神，运用你的能力及创意，尽全力去做那件事情。

当你依照这个程序持续一段时间之后，你就会获得有形的成果及回馈，最终，你将拥有所有你想要的东西，甚至更多。

分清事情的轻重缓急

将人们击垮的有时候并不是那些看似灭顶之灾的挑战，而是一些微不足道的鸡毛蒜皮的小事。

在非洲草原上，有一种不起眼的动物叫吸血蝙蝠。它身体极小，却是野马的天敌。这种蝙蝠靠吸动物的血生存，它在攻击野马时，常附在马腿上，用锋利的牙齿极敏捷地刺破野马的腿，随后用尖尖的嘴吸血。无论野马怎么蹦跳、狂奔，都无法驱走这种蝙蝠。蝙蝠却可以从容地附在野马身上，落在野马头上，直到吸饱吸足，才满意地飞去。而野马却常常在暴怒、狂奔、流血中无可奈何地死去。动物学家们在分析这一现象时，认为吸血蝙蝠所吸的血量是微不足道的，远不会让野马死去。野马的死亡，是它暴躁的习性和狂奔所致。

如果野马能够暂时忽略这种微小的伤害，把精力用在觅食、生存上，就不会失去生命。细想一下，这与人类现实生活中某些例子有着惊人的相似之处。

在一次世界级的台球冠军争夺赛上，一位很有希望夺冠的选手因为一只苍蝇，将冠军的宝座让给了对手。当时，一只苍蝇落在主球上，他并没在意，一挥手赶走苍蝇，俯下身准备击球。可当他的目光落在主球上时，那只苍蝇又飞回原处。在观众的笑声中，他不断地去赶苍蝇，情绪受到了很大的影响，几次三番下来，他终于失去了冷静和理智，愤怒地用球杆去击打苍蝇，不小心触动了主球，失去了一轮机会。这位被苍蝇击败的世界冠军在比赛后不久便投水自杀了。

这是一个多么惨痛的例子。如果他能够分清轻重缓急，理智些，不为一只小小的苍蝇所左右，那么，结果就将改写！

事实上，人们的大部分时间和精力都无休止地消耗在鸡毛蒜皮之中，最终让大部分人一生一事无成。生活要求人们不断地清点，看看忙碌中，哪些是不重要的，或者是无须劳神去忙的；哪些是重要的，必要的。然后，果断地将那些无益的事情抛弃，不去理它。

曾经有人说过：人有两种能力是千金难求的无价之宝——一是思考能力，二是分清事情的轻重缓急，并妥当处理的能力。

古人云："事有先后，用有缓急。"做事也是如此，分清事情的轻重缓急，不但做起事来井井有条，完成后的效果也是不同凡响。次序处理好了，不但能够节约时间、提高效率，最重要的是能给自己减少许多麻烦。

现实中常会遇到千头万绪、问题繁多的情况，这时就需要我们把问题的轻重缓急分清，然后找到其中最迫切需要解决的问题，并集中力量解决它。

凡事都有轻重缓急，重要性最高的事情应该优先处理，不应将其和重要性最低的事情混为一谈。对于那些零零散散的事务，我们可以先把它们按照"急重轻缓"的顺序整理好再着手处理。

当然，经验告诉我们，没有人能永远按照事情的轻重缓急程度去做事。但请注意：处理事务分不清轻重缓急是一种对时间无谓的浪费。进一步说，它是一种隐形浪费，它常常把辛勤劳动的成果弄得乱七八糟，它如同包裹在美丽蝴蝶身上的那一层难看的蛹衣，会掩盖住你出色的工作能力。

回想一下，工作时，下面这些情景是否经常出现？

你是不是手边永远有一堆琐琐碎碎的小事，怎么都做不完？

你是不是觉得所有的工作都"一样重要"？

你是不是非得先做完手边的工作，才肯再接新的工作？

你是不是经常麻烦上司为你"调整工作进度"？

如果你的答案为"以上皆是"的话，那你可要提高警觉了，说不定你已经成为别人眼中的"头痛人物"而不自知。

你应该开始学着每天为自己排一张"做事顺序表"。

正因为每天要做的事情太多，而时间却很有限，因此，若你想在有限的时间内完成最多的事情，不妨利用前一晚的睡前，或是每天的早上，将当天所有要做的事情列成一张表。

排"做事顺序表"的诀窍是，依照事情的"重要性"和"急迫性"来排列。

不过，在执行的过程中，很可能你原本预计一天要做十五件事，但做到第十件的时候，时间就用完了，没做完的五件事只好挪到第二天再做。可是，万一有些事情一次都没有轮到它，该怎么办？

所以，安排"做事顺序表"的第二诀窍便是"适时割爱"。方法是学习评估工作的属性是什么？可不可以找别人代劳？延后完成会不会造成损失？当你可以"掌控工作"而不被"工作掌控"时，才能获得真正的自由！

付诸行动时要大胆

如果你对某项行动的进程不确定，不要试图去做。你的怀疑和犹豫将会影响你对该行动的执行。胆怯是危险的，最好是带着勇气进入到这一行动中。行动中任何大胆带来的失误都可以用更大胆的举动来弥补。每个人都钦佩大胆的人，没有人会尊敬胆小鬼。

哥伦布还在求学的时候，偶然读到毕达哥拉斯的一本著作，他知道了地球是圆的，就牢记在脑子里。经过很长时间的思索和研究后，他大胆地提出，如果地球真是圆的，他便可以经过极短的路程而到达印度了。向西行驶到达东方的印度，听起来是如此荒谬，许多所谓的学者对他的新观念嗤之以鼻。

然而，哥伦布对这个问题很有自信，他从未怀疑过这个想法的正确性，并希望用行动来证实它。只可惜他家境贫寒，没有足够的资金让他实现这个冒险的理想，他想从别人那儿得到一点钱，助他成功，他空等了17年，最后还是失望了。他决定不再等下去，于是启程去见皇后伊莎贝露，沿途穷得竟以乞讨糊口。皇后赞赏他的理想，并答应赐给他船只，让他去从事这种冒险的工作。接下来的问题是，水手们都怕死，没人愿意跟随他去，于是，哥伦布鼓起勇气跑到海滨，捉住了几位水手，先向他们哀求，接着是劝告，最后用恫吓手段逼迫他们去。一方面他又请求皇后释放了狱中的死囚，允许他们如果冒险成功，就可以免罪恢复自由。

一切准备妥当，1492年8月，哥伦布率领三艘帆船，开始了一个划时代的航行。

刚航行几天，就有两艘船破了。接着又在几百平方公里的海藻中陷入了进退两难的险境。他亲自拨开海藻，才得以继续航行。

在浩瀚无垠的大西洋中航行了六七十天，也不见大陆的踪影，水手们都失望了，他们要求返航，否则就要把哥伦布杀死。哥伦布兼用鼓励和高压两种手段，总算说服了船员。

天无绝人之路。在继续前进中，哥伦布看见有一群飞鸟向西南方向飞去，他立即命令船队改变航向，紧跟这群飞鸟。因为他知道海鸟总是飞向有食物和适于它们生活的地方，所以他预料到附近可能有陆地。

果然，哥伦布很快发现了美洲新大陆。

一个人的成功关键在于行动。只有行动，理想才能变为现实；只有行动，才能一步一步地走近成功；只有行动，你才会看到事情的结果。哥伦布没有坐等贵人的资助，而是果断地开始行动，一路的崎岖坎坷都未能令他动摇，他也最终赢得了胜利，成为名垂千古的英雄。

有很多人这样说："成功开始于想法。"但是，只有这样的想法，却没有付诸行动，还是不可能成功的。好的想法就像种子，不去培育它，它就只能保持最初的样貌，毫无变化，只有立即行动，它才会长成幼苗、长成参天大树，结出累累硕果。当然，在幼苗成长的过程中免不了遭遇凄风冷雨的摧残，甚至可能在冰雹干旱等恶劣天气下夭折。你的理想破灭了，但你确实为之努力奋斗过，那就足够了。因为你获得了与成功同样宝贵的东西——经验。有了这种财富，你便知道如何去避免再次失败，你已向成功迈进了一大步。这一切的一切，都是行动的结果。行动，将会改变你的人生，扭转你的命运。

立刻行动，立刻行动，立刻行动。从今以后，我们要一遍又一遍，每时每刻重复这句话，直到成为习惯，好比呼吸一般，好比眨眼一样，成为一种条件反射。有了这句话，我们就能调整自己的情绪，去迎接挑战。

今天是我们的所有。明天是为懒汉保留的工作日，我们并不懒惰；明天是弃恶从善的日子，我们并不邪恶；明天是弱者变成强者的日子，我们并不软弱；明天是失败者借口成功的日子，我们并不是失败者。

努力应从今日起，无限风光在眼前！从现在开始努力，并时刻告诫自己：绝不可浪费光阴。因为大好的机遇，从来都只垂青那些懂得珍惜生命和把握现在的人！

追求成功不能等待。如果我们迟疑，她就会投入别人的怀抱，永远弃我们而去。

现在就付诸行动吧！

将积极进取植入心中

在通往成功的路上有一个非常重要的关键因素，那就是你要明白自己到底有没有进取和胜出的决心、意识和能力，你只有证实了它们的存在，才有可能得到你在生命中想得到的东西。因为只有当你拥有这些时，才会有效地激起你潜在的力量，促成你的欲望和梦想成真。

有这样一个小故事：

一只雄鹰偶然看见一只母鸡正领着自己的孩子们悠闲地晒太阳，于是飞了过去，落在最近的一个枝头上，问道：

"鸡妈妈，你也有翅膀，为什么不能像你的祖先一样在天上飞呢？在天上飞很快乐！"

"哦！谢谢你！"母鸡转身看着自己的孩子们，流泪对鹰说："你看，我有这么多的孩子需要看护，我没时间呀！等他们长大了飞吧。唉！我这辈子是没指望了！"

鹰只好飞走了。

第二年，鹰再次飞过时，又发现了一只母鸡带领着她的孩子们在散步，她就是去年鹰见到的鸡妈妈的一个女儿，现在她长大了，更健壮，更丰满！

鹰飞到她身边问道：

"孩子，你也有翅膀，为什么不能像你的祖先一样在天上飞呢？在天上飞很快乐！"

"谢谢你！"母鸡流着泪答道，"你看，我已经老了，飞不动了，还是等我的孩子们长大以后让他们飞吧！唉！我这辈子是没指望了！"

鹰只好飞走了。

第三年，鹰经过时，依旧看见一只新母鸡带领自己的孩子在山坡上觅食，但他再也不愿下去劝她了。

上帝给了鸡和雄鹰同样的翅膀，让它们享受天空，然而，鸡只知就近觅食，目光仅仅停留于眼前，以孩子多要看护、没有时间为借口，不去努力，不去行动，将搏击长空的美丽翅膀日复一日地蜕化为一种装饰物，多么可惜！

一个没有进取精神的人与上面故事中的鸡又有什么区别？"上帝给予每个人的机会都是均等的，关键在于你有没有进取的欲望和动力。"一位哲人这样说，"我知道，这世间最可依赖的，不是别人，而是我自己。所有这一切，都是个人奋斗所必需的。"

进取心，这种永不停息的自我推动力，激励着人们不知疲倦地行动，证明自己存在的意义，在这个世界镌刻下自己光辉的名字。有进取心的人都是不满足于现状的，他们总会为自己订立一个又一个更高的目标，并为之不懈地奋斗。在努力行动的过程中，他们眼界更加开阔，思路更加明朗，自然也能够抓住倏忽而逝的机遇，握住成功女神的双手。

进取心让人们不甘于平庸，不追求稳定，不害怕牺牲，想到什么便大胆积极地行动，去追求那些更伟大、更充实、更高远的东西。如鹰击长空，那份气势、那份力量可让世界臣服于脚下。这样的人，很容易便会与那些故步自封、毫无建树的"母鸡型"人物区分开来，"母鸡"们虽然在能力上与"鹰"不相上下，甚至会有过人之处，但"母鸡"没有努力过，没有行动过，未老先衰的心中尽是些消极丧气的灰色思想，吃饱肚子就算了事，又怎能体味到迎风展翅、鹏程万里的快感，于是一生匆匆过去，从未发光发亮，从未兴起波澜，这样的生命确实可以称作是"毫无意义"。

当"鹰"以矫健的身姿越过平庸的"母鸡"，在人们仰慕的目光中自由飞翔于天地间的时候，当"母鸡"饱食终日，最后引颈就戮的时候，它们的命运为什么会有这样的天壤之别，答案早已明了。

进取心是一颗生命力顽强的种子，用汗水来浇灌它，用努力来培育它，它就会开出鲜花。没有进取心的心灵就像一片污浊的泥塘，野草、毒虫在里面恣意生长，慢慢地，这个人就会失去身上所有闪亮的东西，失去本该获得的一切。

在我们每一个人的心中，都应该铭刻这样一句话：行动决定成败，而进取心是行动的指南针和灯塔。

把进取心植入心中，去奋斗，去努力，就从现在开始，一天也不要虚度。

出击就怕犹豫不决

如果你对某项行动的进程不确定，不要试图去做。你的怀疑和犹豫将会影响你对该行动的执行。胆怯是危险的，最好是带着勇气进入到这一行动中。行动中任何大胆带来的失误都可以用更大胆的举动来弥补。每个人都钦佩大胆的人，没有人会尊敬胆小鬼。

有一位年轻的哲学家，博学多才、英俊潇洒，令很多女性为之倾倒。

某天，一个女子来敲他的门，她说："让我做你的妻子吧！错过我，你将再也找不到比我更爱你的女人了！"

哲学家虽然也很中意她，但他仍回答说："让我考虑考虑！"

事后，哲学家用他一贯研究学问的精神，将结婚和不结婚的好、坏所在，分别逐条列下来，才发现，好坏均等，真不知该如何抉择。

于是，他陷入长期的苦恼之中，无论他又找出了什么新的理由，都只是徒增选择的困难。这一犹豫便是好几年。

最后，他得出一个结论——人若在面临抉择而无法取舍的时候，应该选择自己尚未经历过的那一个。"不结婚的处境我是清楚的，但结婚会是个怎样的情况，我还不知道。对！我该答应那个女人的央求。"他这样想。

哲学家来到女人的家中，问女人的父亲说："您的女儿呢？请您告诉她，我考虑清楚了，我决定娶她为妻！"

女人的父亲冷漠地回答："你来晚了十年，我女儿现在已经是三个孩子的妈了！"

哲学家听了，整个人几乎崩溃，他万万没有想到，他向来引以为傲的哲学头脑，最后换来的竟然是一场悔恨。

不久，哲学家积郁成疾，临死前，他将自己所有的著作丢入火堆，只留下一段对人生的注解——

如果将人生一分为二，前半段的人生哲学是"不犹豫"，后半段的人生哲学是"不后悔"。

犹豫是成功的天敌，瞻前顾后，谨小慎微，固然能够避免不必要的错误发生，却也让很多人失去了近在眼前的机会。哲学家犹豫十年，再真挚的爱情也不堪等待。犹豫彻底葬送了他的幸福。

其实，凡世间众人皆有犹豫，但并非所有情况都会发生，它甚至根本就不会发生，因为犹豫来自自己的想象，只要有坚强的意志力便能将之克服。若能了解这些，接下来的就只有如何去克服问题了。

每当面临一个新的机会，在斟酌得失之间，犹豫便会在你的内心里悄然出现，阻挠你制胜的决心。这虽然是每个人都有的心理变化，但若不趁早加以克服，它便将慢慢累积扩大，当它爬满你的心，进而侵蚀你的骨髓时，就难以救治。如果你有着维持现状的观念，即应早日改变，阻止其继续蔓延，以免到头来后悔不已！

有了开始，就有成功的希望，没有开始，就永远没有成功的可能。最擅长偷时间的就是"犹豫"，它还会偷去你口袋中的金钱。你得想得快一些，行动得快一些。你得尽快得到必要的资讯，以协助你作决定。

毛主席早就说过，要想知道梨子的滋味，就要亲口去尝一尝。这其实是再简单不过的道理，不行动永远不会有结果。穷人之所以穷，很多时候不是因为没有梦想，而是没有去把梦想变成现实。

照理说，穷人一无所有，应该无所畏惧，勇往直前。但事实上，穷人手里只有一个鸡蛋，这一个鸡蛋就是他的全部希望，他没法分别放在几个篮子里，只能小心翼翼地攥着，生怕落到地上，他必须为这一个鸡蛋负责。

穷人往往是胆小谨慎的，这就像一个怪圈，越穷越怕，越怕越穷，直到连最后那个鸡蛋都打烂了，他才敢迈出一步，尝试去过新的生活。而实际上，很多机会已经被先行的人占去了，他自己的能力也在长久的等待中萎缩，要想在激烈的竞争中占有一席之地，谈何容易。

既然一个鸡蛋是靠不住的，还靠着它干什么！出路在于行动，晚动不如早动。

因为我们害怕失败，害怕被拒绝，所以犹豫不决，不敢行动。但不行动会获得成功吗？不会。既然知道不会，为什么还是不动？关键就是因为他们的恐惧胜过了他们可以得到的成就感和快乐。

许多人不成功，只是因为总在起点上耽搁，在门外徘徊得太久，其中有多种原因，主要的是：

1.眼高手低，或者幻想一口吃成一个胖子。

2."完美病"作怪，哪怕有一点点不完美，就自我否定。

3.总认为时间够用，慢一点又何妨，拖来拖去最后把梦想拖"黄"了。

消除犹豫最直接的方法就是马上出去。

时间是短暂的，要做就要立即做，早一点动手，就会早一点往成功迈进，先做再说！正如俗话说"早起的鸟儿有虫吃"，尽早地起步，到后面才会有更大的发展。

犹豫太久会导致行动的瘫痪，有的人并非不知道行动的重要，但是迟迟不愿意行动，结果又产生负疚感，造成意志的瘫痪，与其说是因为恐惧不去行动，毋宁说是不去行动而导致恐惧。

其实，许多事情的难度，都是由于我们的犹豫和摇摆被夸大了，事情并没有我们想象的那么困难，只要我们马上去做，就有可能产生出乎意料的奇迹。

美国一个保险推销员酷爱打猎和钓鱼，在野外的生活让他忘却了城市的喧嚣，身心都能得到最大的放松。然而，这个嗜好也占用了太多的时间，他的职业特点决定了他没有这么多的闲暇去享受生活。

一天，他产生了一个独特的想法：销售保险不一定非得在人烟稠密的城市中进行，荒野之中，客户固然稀少，但却都是未经开发的潜在客户，而且不会有什么竞争对手，这个想法看上去真的很吸引人。

经过一番调查后，他选择了居住在铁路沿线的矿工以及铁路公司的员工，然后立即展开了行动。那些"与世隔绝"的人们非常欢迎他的到来，他免费教他们烹饪、理发，宾主一起分享美味，交谈甚欢。不知不觉中，几笔业务便达成了……

一年内，他的业绩竟突破了百万美元，更难得的是，他在工作的同时还满足了自己的个人爱好：登山、打猎、钓鱼，可谓乐趣无穷。

他的成功来自一个绝妙的想法，但更重要的是毫不犹豫、立即行动的决心和勇气。假如他将时间浪费在犹豫不决上，那么现在他还是那个痛苦挣扎的普通业务员。

好钢要用在刀刃上

我们的时间有限，精力有限，不可能把所有的事情做到最好，但是我们一定可以把其中的一件事做到最好。心无旁骛地做一件事，更容易成为强者。

一个下岗女工靠亲人集资开了一家杂货店，几个月过去，生意很不景气。她的丈夫喜欢读书，有一天，他对妻子说在图书馆看到一份杂志，上面有一个全球五百强企业的专栏，丈夫发现所谓的"五百强"也很寻常，都是些"一根筋、一条路"。妻子不太明白。丈夫继续解释说："打个比方，你卖纽扣，就只卖纽扣，卖所有品种的纽扣，店再大，都不卖别的。以后你再进货，头饰、胸花之类的东西，不要再进了，全进纽扣，有多少品种进多少品种，看看会怎么样。"妻子半信半疑，抱着试一试的态度，集中所有资金做起了纽扣生意，谁知效果却非常不错。

几年以后，这家曾经的小杂货店变成了这座城市唯一的一家"航空母舰式的纽扣店"。

丈夫的发现虽然有些肤浅，却真的很有道理。《财富》杂志中的世界500强，都有一个规律，只做一件事，做好一件事。物流速递类第一名是UPS公司，它发展到今天也只做了一件事——用最快的速度把包裹送到客户手中。只做了一件事，UPS就把业务做到了全世界。世界第一强、零售业的"老大"沃尔玛，自始至终只做零售；世界第二强通用汽车公司，一百多年来，也是只做汽车与配件。很多著名的大企业、大集团公司，都是集中所有力量，取得一个行业的垄断和领先地位，再不断地做科研，使自己的技术无法被同行业的竞争者所超越，从而取得超额利润。从这个意义上讲，他们确实是"一根筋、一条路"。这些现实案例也告诉了我们，只有集中精力做好最重要的事，才能获得成功。

只做好一件事，意味着集中力量发展，而不是多元化发展。很多人涉足很多领域，学习很多知识，其实内部很虚弱，每一项都没有很强的竞争力。目标定了很多，什么都想做，但什么都没有做到最好，实质是没有自己的核心竞争力。

"集中力量"这4个字看上去非常普通，却是由平凡变为不平凡的卓越法则。

要选择一个最容易实行的计划，集中几倍的力量去实现。这是需要精心选择的计划，要保证初战必胜，这是开始。不能把有限的力量分散在许多问题上，每个问题都想解决，最终一个都解决不了；或者吝惜地配置力量，希望以少胜多，以较小的代价去解决问题。在战略上这是可行的、是科学的，但是在战术上，这是错误的。

人的生命和精力都是有限的，但是人生发展的可能性却是无限的，所以要清醒地告诫自己：不要做消耗式的人生规划。不能每件事都只做一半，就畏难、畏烦而放弃；也不应该没有规划，看到什么条件有利就去追逐，最终什么都做不好。

掌握这个原则，就能使自己离开困难的泥沼，从一个局部的胜利到另一个局部的胜利，最终完成全面的胜利。